湖北省社科基金一般项目（后期资助项目）成果

湖北省
生态文明建设水平评价及影响因素研究

冯银 著

Hubeisheng
Shengtai Wenming Jianshe Shuiping Pingjia
ji Yingxiang Yinsu Yanjiu

中国财经出版传媒集团

经济科学出版社
Economic Science Press

图书在版编目（CIP）数据

湖北省生态文明建设水平评价及影响因素研究/冯银著. —北京：经济科学出版社，2021.6
ISBN 978 -7 -5218 -2656 -2

Ⅰ. ①湖… Ⅱ. ①冯… Ⅲ. ①生态环境建设 - 研究 - 湖北 Ⅳ. ①X321.263

中国版本图书馆 CIP 数据核字（2021）第 123371 号

责任编辑：刘 莎
责任校对：易 超
责任印制：王世伟

湖北省生态文明建设水平评价及影响因素研究
冯 银 著
经济科学出版社出版、发行 新华书店经销
社址：北京市海淀区阜成路甲 28 号 邮编：100142
总编部电话：010 -88191217 发行部电话：010 -88191522
网址：www. esp. com. cn
电子邮箱：esp@ esp. com. cn
天猫网店：经济科学出版社旗舰店
网址：http：//jjkxcbs. tmall. com
北京季蜂印刷有限公司印装
710×1000 16 开 11.75 印张 180000 字
2021 年 6 月第 1 版 2021 年 6 月第 1 次印刷
ISBN 978 -7 -5218 -2656 -2 定价：56.00 元
（图书出现印装问题，本社负责调换。电话：010 -88191510）

前言

PREFACE

党的十九大报告指出，我国社会矛盾已经转化为人民日益增长的美好生活需要和不平衡不充分的发展之间的矛盾，这也体现在传统工业文明的发展模式所带来的不断加剧的资源环境问题，特别是人口、资源、环境之间的冲突愈演愈烈。而生态文明建设将从根本上解决这些矛盾和问题。

湖北省地处我国中部，经济社会发展条件优越，发展基础较好，自古以来就是我国经济比较发达的地区之一。经过改革开放40多年的发展，湖北省优越的经济地理区位得到凸显，铁路、公路、航空、水运等交通基础设施得到了全面的建设和提升，产业分布广泛，教育、科技、经济、交通和人文、地理区位和经济优势突出，已成为我国重要的综合交通运输枢纽中心、中部地区经济中心和科教中心，是我国经济社会发展较快和最为活跃的地区之一，经济发展潜力和空间巨大，在我国区域经济协调发展中起着重要的支撑和带动作用。

在实施可持续发展战略的过程中，湖北省的产业结构得到了明显的提升，经济发展方式也开始发生转变，可持续发展工作取得了明显的进展，但经济发展带来的资源环境压力巨大，经济社会发展缺乏可持续发展的动力，实现生态文明的道路仍然艰巨而漫长。为了全面建设生态文明，实现可持续发展的目标，湖北省确立了“一主两副多极”的发展战略，并将其落实在经济社会发展的各项工作之中。习近平总书记多次发表重要讲话，强调推动长江经济带发展必须走生态优先、绿色发展之路，涉及长江的一切经济活动都要以不破坏生态环境为前提，共抓大保护、不搞大开发，共同努力把长江经济带建成生态更优美、交通更顺畅、经济更协调、市场更统一、机制更科学的黄金经济带。随着生态文明建设的日益深入，特别是在“一主两副多极”“长江大保护”等战略的支撑下，湖北省迎来生态文明建设的高潮，为其可持续发展带来前所未有的机遇。湖北省作为一个传统产业为主导的地区，如何在全球化背景下利用好后发优势，积极开展生态文明建设工作，正确处理好资源开发利用和环境保护的关系，调整和优化产业结构，转变经济发展方式，形成生态文明建设的经济社会环境，实现人与自然、人与社会的和谐，促进经济社会的可持续发展，仍然是其当前面临的现实难题。

本书采用定性研究和定量研究相结合、比较研究、统计计量分析和文献研究等方法，系统梳理生态文明建设的相关理论，总结描述了目前湖北省生态文明建设的机遇和问题，构建了基于“压力—状态—响应”模型的湖北省生态文明评价指标体系，分别以湖北省地级市、自治州（共13个）和三大城市群作为分析对象，通过从压力、状态和响应三个维度分别对生态文明各主要领域的发展水平做出评价，在此基础上，对湖北省城市生态文明建设水平进行空间效应分析。在识别关键因素对生态文明建设的影响机理的条件下，选取关键指标，对湖北省生态文明建设的影响因素进行分析，提出湖北省生态文明建设和生态文明考评体系的政策建议。

全书共包含八章。章与章之间力图能够进行合理的衔接，具体的内容包括：

第1章，绪论。立足于研究的背景和意义展开研究，再借助相关的文献理论，从生态文明建设的重要任务和具体要求出发，对国内外可持续发展评价指标体系和生态文明建设评价指标体系进行了归纳总结，并阐述了与之相关的理论基础。最后，对全书的研究思路、研究方法以及创新之处作了简要的概述。

第 2 章，湖北省生态文明建设面临的形势分析。本章试图从湖北省生态文明建设面临的政策体系和现状情况入手，剖析湖北省生态文明建设的重点和要点。首先，本章分析了湖北省生态文明建设面临着的政策体系是其加快生态文明建设和提升区域生态文明建设重要的理论基础和政策基础。其次，对湖北省生态文明建设的现状进行分析，得出湖北省产业结构优化程度不够、资源能源禀赋不足和科技创新水平整体不强等结论。在此基础上，对湖北省生态文明建设的重点进行分析，指出湖北省应突破资源环境约束，缓解经济社会发展压力；保护生态资源，建设良好生态环境和加强政策响应，根治顽疾陋习。为后文湖北省生态文明评价指标体系的构建和实证打下基础。

第 3 章，基于 PSR 模型的湖北省生态文明评价指标体系构建。结合生态文明评价指标体系的构建原则和第 2 章有关湖北省生态文明建设面临的形势和建设要点，本章引入“压力—状态—响应”模型进行湖北省生态文明建设评价指标体系的构建。阐述了 PSR 模型应用于生态文明评价的意义，在此基础上构建了基于 PSR 模型的生态文明建设评价框架。通过对生态文明评价指标的频度分析和对生态文明评价指标体系的选取原则进行剖析后，在基于 PSR 模型的生态文明建设评价框架上从压力、状态和响应三个维度选取了 30 个具体指标，构建了湖北省生态文明评价指标体系。

第 4 章，湖北省生态文明建设水平评价测度。本章在第 2 章和第 3 章的基础上对2006 ~ 2015 年间湖北省地级市、自治州（共 13 个）以及三大城市群生态文明建设分别进行评价分析。首先，本章对现有的权重计算方法进行评述，并选取主观赋权和客观赋权相结合的方法来确定指标权重。在此基础上，分别对湖北省地级市、自治州（共 13 个）以及三大城市群的压力系统、状态系统、响应系统和综合结果进行分析，并相应地提出了湖北省改善现有生态文明建设水平的具体建议。

第5章，湖北省生态文明空间效应研究。本章介绍了观测数据空间依赖性的检验和估计方法，给出了全局和局域空间自相关检验的检验统计量的表达式和相应的显著性检验。最后对湖北省2006~2015年17个城市的生态文明建设水平进行了空间相关性检验，结果表明湖北省17个城市2006~2015年的全局Moran's I检验值均显著为正，说明湖北省生态文明建设存在显著的正自相关的空间关联模式，从Moran's I指数的规律来看，总体上呈现出先增加后下降的态势，表明湖北省生态文明建设的空间关联效应在逐渐降低，有不断分化的趋势。

第6章，湖北省生态文明影响因素分析。本章为了进一步研究湖北省生态文明建设水平的空间性差异和联系，选取对湖北省生态文明建设的关键性指标：城镇化率、建筑业总产值、人均GDP、第三产业占比以及规模以上工业企业平均产值，并阐述关键指标对湖北省生态文明建设的影响机理，运用Matlab软件来分析它对生态文明建设的时空影响及程度，并提出相应的建议。

第7章，从推进湖北省各地市以及湖北省整体生态文明建设水平两个维度提出了相应的政策建议。

第8章，研究结论与展望。本书的研究与结论，力图为湖北省生态文明建设领域的评价与未来工作提出科学导向，同时也指出本书研究的不足之处和有待完善的问题，并对未来生态文明建设的研究提出展望。

目录
CONTENTS

第1章
绪　论

1.1 研究背景和意义

1.1.1 研究背景

我国是世界上最大的发展中国家。改革开放40多年来的快速工业化进程，使我国从一个贫穷落后的国家发展成经济总量位居世界第二、工业基础扎实、人民生活逐渐步入小康的繁荣大国[1]。我国同英国、美国等发达国家工业化进程的规律类似，均产生了严重的资源问题、环境问题和生态问题，资源约束趋紧、环境污染严重、生态系统退化、空间开发格局无序、主体功能措施落实不力的严峻形势对我国全面建成小康社会产生了非常不利的影响，亟须大力推进生态文明建设来破解资源环境与生态的难题。大力推进生态文明建设是我国“五位一体”的重要内容，党中央、国务院和各级政府近年来在推进生态文明建设方面做出了很多努力，取得了巨大成就。完善生态文明体制机制的重要核心内容是科学构建生态文明评价指标体系，这要求我们必须对工业化、城镇化进程中的资源环境问题及其区域差异进行深入研究，以此推动生态文明建设和“两个一百年”建设。

随着《长江经济带发展规划纲要》的正式印发，长江经济带作为中国生态地位重要、总体实力较强、发展潜力巨大的区域，承担着重要的战略任务。其中长江经济带发展战略的第一位就是共抓大保护突围生态短板，要坚持生态优先、绿色发展、共抓大保护、不搞大开发。湖北省作为长江经济带的重要组成区域之一，在长江经济带11个省市中率先组织编制了《湖北长江经济带生态保护和绿色发展总体规划》。按照规划，湖北省将把湖北长江经济带建成引领湖北经济社会发展和促进中部地区崛起的现代产业密集带、新型城镇连绵带和生态文明示范带。

近年来，湖北省在加快经济社会发展的同时，高度重视环境保护和生态建设，积极推进资源节约型、环境友好型社会建设，生态文明建设取得了积极进展。产业结构加快调整，新农村建设成效显著，“两型”社会建设加快，生态示范创建深入推进，生态环境质量总体稳定。省委、省政府高度重视生态文明体制机制建设，出台了《关于大力加强生态文明建设的意见》，将环境质量、主要污染物总量减排等相关指标纳入各级党政领导干部综合考核评价体系，每年列支财政专项资金用于生态文明建设。

湖北省生态文明建设虽然取得了明显的成效，具备了良好的发展基础，并对国民经济和社会的可持续发展产生了积极的影响，但从总体来看，湖北的生态文明建设也存在着许多障碍，一定程度上影响了湖北省生态文明建设的进程。

首先，湖北省各地生态文明建设规划与国家生态文明战略要求还存在一定的差距。生态文明建设虽然在湖北省级层面取得了广泛共识，但少数地方的干部对生态建设的方针、目的和意义认识不到位，生态文明意识淡薄，缺乏全局观念，未能将生态文明建设上升到区域战略高度，不能正确处理发展经济与生态文明建设的关系、眼前利益与长远利益的关系、政绩与实事的关系。其次，湖北省生态文明建设的体制机制还不够健全。具体则体现在组织管理体制存在障碍、评估与监控机制不健全和区域合作和协调机制有待加强。再次，湖北省资源环境经济政策改革有待深入，湖北省生态文明建设过程中，存在着守法成本高、违法成本低的问题，排污权交易制度不完善，主要污染物排污权交易有待全面推行。生态补偿政策、生态补偿方式有待制定，资源环境税费改革与资源要素价格改革有待继续深化。最后，湖北省资源环境问题突出，主要表现为能源资源禀赋较差、能源强度较高和环境污染严重等。

因此，结合湖北省生态文明建设的现状和问题，制定更为系统、具体、科学的生态文明评价指标体系，科学识别湖北省生态文明建设影响因素，是湖北省生态文明建设亟待解决的一个重要任务。

1.1.2 研究意义

党的十九大报告将建设生态文明描述为中华民族永续发展的千年大计，将生态文明建设提高到为全球生态安全做出贡献的新高度，指出了要坚定走生产发展、生活富裕、生态良好的文明发展道路，是党在新时代建设中国特色社会主义实践深化的结果，是党执政理念的重要升华。对于贯彻落实科学发展观，实现人与自然、经济、环境的和谐共生，全面建成小康社会，具有极为重要和深远的意义。建设生态文明的目标是要实现资源能源集约利用，有效保护生态环境、优化国土空间开发格局、加强生态文明制度建设，转变经济发展方式，提高人民生态意识，提高资源利用效率，有效控制污染物排放，改善生态环境质量，提高城市宜居水平，在全社会牢固树立生态文明观念。这是中国执政兴国理念的新发展，也是科学发展、和谐发展的重要组成部分，符合为广大人民群众谋福祉的理念。

长期以来，粗放的发展方式和片面追求 GDP 等现象，已使资源环境问题逐渐成为制约社会经济发展的瓶颈。高消耗、高污染和低效率的粗放型经济增长模式已经对自然环境和生态系统造成了巨大破坏，江河断流、雾霾侵扰、垃圾围城、水体污染等粗放型增长导致的"后遗症"已使我国许多地区群众生命、生活和生产遭受严重威胁，转变发展方式已经刻不容缓。如果延续传统工业文明的发展模式，我国所面临的资源环境问题将不断加剧，特别是人口、资源、环境之间冲突会愈演愈烈。生态文明的建设将从根本上解决这些矛盾和问题。

自党的十八大将生态文明建设提高到突出地位以来，湖北省一直立足自身既有条件，通过转变发展方式、调整产业结构、转变消费模式和实施节能减排等方面的努力，生态文明的建设已经取得了一定的成果。然而，要提高湖北省生态文明建设水平，全面提高湖北省经济社会发展的质量与效率，就必须对现阶段湖北省生态文明发展水平的现状进行客观科学的评价，以明确发展道路上的成绩与不足，及时发现问题开展追踪改进。建设生态文明是一个动态、综合的社会实践过程，我们不能把生态文明建设简单地停留在理论层面，而要把科学理论转化为具体的实践，把生态文明的美好蓝图向社会实践拉近拉实，通过对生态文明建设的重点任务进行量化，才能使人们对生态文明建设的成果看得见摸得着，从而将生态文明建设与经济工作具体实践相结合，不断使科学理论拓展为具体的现实体现。在生态文明评价指标体系的构建过程中，通过对湖北省生态文明建设面临的机遇和挑战的分析，从而更加客观科学地构建出适用于湖北省生态文明评价指标体系，通过测算结果针对湖北省各市州和三大城市群生态文明建设发展状况进行客观评价，从"厘清问题"、"关注进展"到"促进提高"的层面上，把生态文明理念和思想转化为更具效力的生态文明实践，用可以度量的水平指数改变单一的 GDP 增长评价标准，鼓励绿色、低碳、循环的发展方式，用具体化的、可以持续观测和比较的数量标准解读湖北省生态文明建设的现状、绩效和问题。

本书的研究意义和价值主要体现在以下几个方面：

（1）探索湖北省生态文明建设面临的机遇和挑战，分析湖北省生态文明建设的重点对湖北省生态文明评价指标体系中具体指标的选择具有直接的指导作用。对完善工业化、城镇化、信息化、市场化与国际化背景下湖北省的资源环境管理与生态文明建设的手段与措施，落实科学发展观，转变经济发展方式，促进社会和谐发展，具有重要的现实意义。

（2）通过对湖北省生态文明建设重点的考虑而构建了基于 PSR 模型的生态文明评价指标体系，为湖北省各市州生态文明评价考核提供了各具针对性的评价依据与考核办法。完善的生态文明评价指标体系与科学的评价方法，将为湖北省乃至全国不同区域的生态文明建设科学规划、定量考核和具体实施提供直接理论依据，有利于引导各地区生态文明建设不断深入、扩展和提升，解决其发展建设过程中的不足和薄弱环节，促进区域生态文明建设全面协调持续发展。

（3）通过对各市州和三大城市群生态文明建设水平的测算，提出了各市州和湖北省三大城市群生态文明建设进程中的优势和不足，探讨湖北省生态文明建设的空间差异，识别影响湖北省生态文明建设的关键因素并测算它们的影响程度，并据此提出了科学有效的生态文明建设体制和政策建议，有利于提高湖北省资源环境管理水平，提高资源利用效率，保障生态安全，减少污染物排放，提供生活宜居水平，促进生态文明建设持续快速发展。

（4）在指标体系的构建过程中，及时发现工作各个环节的主要问题，并指出了未来生态文明评价指标体系研究工作中政府应给予的配合与支持。以及如何通过改进和完善生态文明建设政策来加快推进生态文明、丰富物质文明、促进精神文明、发展政治文明，有利于推动中国特色社会主义理论的发展。

1.2 生态文明与生态文明评价

生态文明概念在党的十七大被正式提出并写入党的报告，指出“基本形成……牢固树立”[2]，这既是对我国在环境保护与可持续发展上所取得成果的总结，也是人类重新认识自然的具体表现，充分体现了生态文明对中华民族生存发展的重要意义，也体现了建设和谐社会理念在生态与经济发展方面的升华。

党的十八大提出了生态文明建设的“五位一体”战略思路，并对生态文明建设进行了更详细深入的阐述[3]，明确了生态文明建设的四项基本任务[4,5]。十八届三中全会进一步确立了生态文明制度建设在全面深化改革总体部署中的地位，完善了生态文明制度体系的内容[6]。党的十八届五中全会提出，坚持绿色发展，着力改善生态环境，并明确六项我国未来绿色发展的实现路径[7]，此时，我国对生态文明建设和可持续发展有关理念的论述也得到了全新的阐述。

党的十九大报告提出了新时代坚持和发展中国特色社会主义的基本方略，其中就明确要求“坚持人与自然和谐共生”，指出“建设生态文明是中华民族永续发展的千年大计”，总结形成了“绿水青山就是金山银山”的发展理念[8]，将我国生态文明建设的论述进一步深化，提到了历史的新高度。

此外，《关于加快推进生态文明建设的意见》要求达到国土空间开发格局进一步优化、资源利用更加高效、生态环境质量总体改善、生态文明重大制度基本确立的四项主要目标[9]；《生态文明体制改革总体方案》要求生态文明制度体系必须是产权清晰、多元参与、激励约束并重以及系统完整的，且涉及国土空间、资源、环境、生态以及考核等多个方面[10]。中央文件关于生态文明具体论述及进展如图1－1所示。

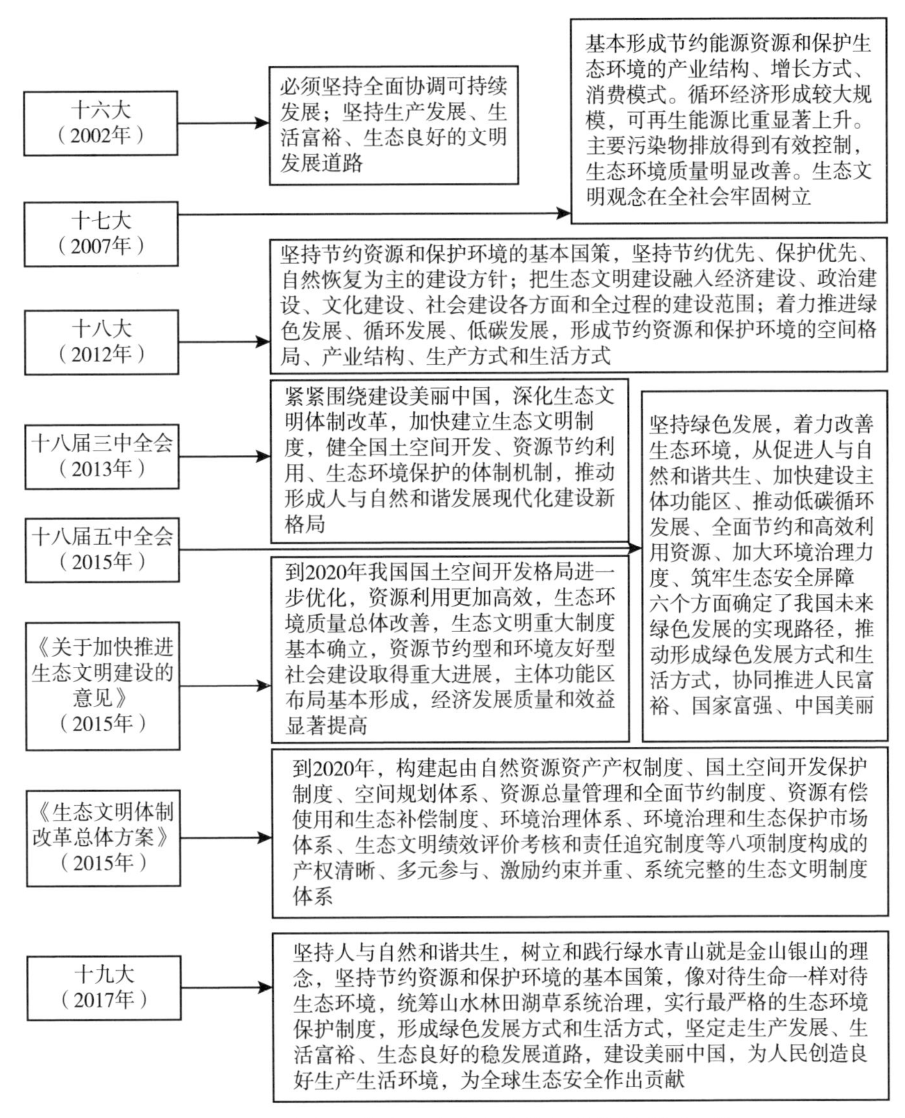

图1－1　中央文件关于生态文明的相关论述进展一览

资料来源：由作者根据中央文件整理而来。

生态文明评价是指对特定区域、特定对象、特定主体的生态文明建设过程和水平进行科学、客观、准确、定量的绩效评估和分析，以量化反映在生态文明建设的进程中人们对其所处社会的总体感受或满意程度。生态文明评价的目的是寻找区域生态文明建设中存在的问题，把握推进生态文明建设的着力点，进而不断完善生态文明建设的体制机制，加快推动各类行为主体生产、生活方式转变。

这里需要明确的是生态文明评价与考核是两个不同的概念，两者既有联系又有区别[11]。生态文明评价是指衡量特定区域、特定对象、特定主体的生态文明建设情况和发展程度，而生态文明考核是指将特定区域、特定对象、特定主体的生态文明建设情况纳入领导干部政绩考核范畴，即将生态文明评价的结果纳入领导干部绩效考核范畴；显然，生态文明评价与考核是相关的，生态文明评价是考核的基础。生态文明考核的主体相对比较单一，主要是政府相关单位，如各级组织部门、国家有关部委以及地方有关部门等[12]；而评价的主体具有多元化的特点，可以是政府相关单位（国家有关部委、地方政府部门），也可以是相关学者（第三方科研院所）。综合来看，生态文明评价多是对生态文明建设客观状态的考察，仅为政府决策提供参考，而生态文明建设考核更加注重选择与引导，具有强制约束性。

生态文明评价的构成要素主要包括评价目的与功能（为什么评价）、评价主体和评价客体（评价谁和谁来评）、评价内容（评价什么）和评价方法和标准（如何评价）等具体内容（如图1－2所示）。生态文明评价的关键目的在于发现生态文明建设中存在的问题，找准生态文明建设的着力点，从而加快推进生态文明建设。以经济增长为核心的政绩考核，是历史的产物，有其存在的合理性，但长期来看，资源问题、能源问题、环境问题和生态问题必将大大耗损发展的成果，生态文明评价有助于纠正单纯以GDP增速评定绩效的偏向。

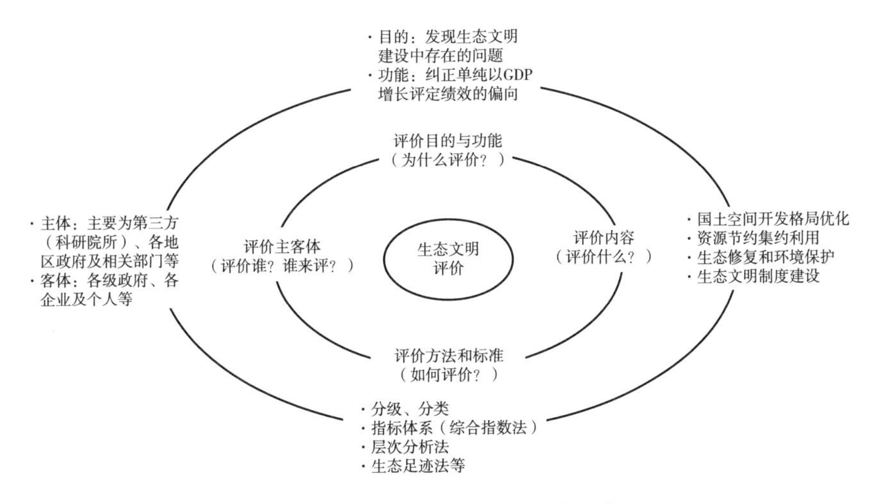

图1-2　生态文明评价的构成要素

资料来源：由作者根据中央文件整理而来。

1.3　国内外研究进展

1.3.1　生态文明内涵研究

目前，生态文明建设已成为中国政府的重要工作之一，而关于生态文明问题的研究也已经成为了学界关注的热点。已有的研究为人们更好地认识生态文明的本质，把握生态文明建设的经济、社会规律，形成对生态文明发展现状与战略导向的共识，进而寻求更加系统科学地促进生态文明的政策措施发挥了积极的作用。

国外很早就有关于生态文明的提法，美国罗伊·莫里森（Roy Morrison）在1995年就已经明确提出了“生态文明”（ecological civilization）的概念，并将“生态文明”作为工业文明的一种形式。西方国家在20世纪60年代后开展环境保护和生态建设，联合国等国际组织也提出了可持续发展概念，其中就蕴含“生态文明”健康发展这一理念。要正确把握生态文明发展的过程及其价值，首先必须对生态文明的科学内涵进行准确的把握。尽管国外学者早已形成了大量类似于生态文明的概念和思想，但是却没有直接提出生态文明这一概念。1987年6月，著名生态学家叶谦吉先生在全国生态农业研讨会上，对我国生态环境趋于恶化的态势，呼吁要“大力提倡生态文明建设”，引起了与会者的共鸣。他说：“所谓生态文明，就是人类既获利于自然，又还利于自然，在改造自然的同时又保护自然，人与自然之间保持着和谐统一的关系”[13~14]（刘思华，2008）。其后，随着人们对生态文明理论研究的深入，生态文明的内涵也得到了不断挖掘。现在，生态文明已经成为中国特色社会主义理论的一个重要的创造性成果[15]（张云飞，2008）。从现有的文献来看，中国学者从两个不同维度对生态文明的科学内涵进行了揭示，为生态文明问题的研究提供了认识基础。第一个维度是从纵向的人类文明发展史出发来解释生态文明。这类观点认为，生态文明是与原始文明、农业文明和工业文明前后相继的社会文明形态，是人类为实现可持续发展必然要求的进步状态。第二个维度则是从横向的当代社会文明系统出发进行解释，将生态文明定义为一种社会形态内部某个重要领域的文明，是人类在处理与自然关系时所达到的文明程度，在体系上与物质文明、精神文明和政治文明相对应。

现有研究从多维视角研究了资源节约与环境保护的途径、方法与策略。但是，在宏观上如何突破资源环境约束，实现经济发展方式转变，结合生态文明建设的要求，综合考虑政策的社会适用性问题，对资源能源节约与生态环境保护的管理政策进行创新，是有待深入研究的重要方面。当前的措施是建立有利于资源能源节约和生态环境保护的经济发展方式，实现产业结构的优化和消费模式的转化，加快建设生态文明。可见，基于不同的维度与视角，人们对生态文明的科学内涵有着诸多不同见解。但核心思想离不开人类在改造利用自然的同时，要积极改善和优化人与自然的关系，建立良好的生态环境。生态文明作为一个理论与实践紧密结合且不断发展的概念，其内涵应注定深刻丰富，要科学地对其做出理解，需要坚持比较分析与历史总结、理论梳理与现实考察相统一的原则，并站在人类社会发展的高度，对其特征、地位、作用、目标等做出系统把握，才能形成全面准确的认知。

1.3.2　生态文明评价指标体系研究

生态文明建设源于可持续发展，生态文明指标体系也应准确把握可持续发展的基本观点和内涵，并与时俱进，进一步总结和优化，才能科学建立生态文明评价指标体系。

1. 国内外可持续发展指标体系

国外的可持续发展评价指标体系于20世纪70～80年代开始兴起，主要是基于经济学理论建立起来的，多由单一指数组成，如诺多斯和托宾（Nordhaus & Tobin，1973）建立的经济福利测度指数[16]，埃斯特斯（Estes，1974）建立的社会进步指数[17]，莫里斯（Morris，1979）建立的物质生活质量指数[18]，戴利等（Daly et al.，1989）建立的可持续经济福利指数[19]等。这些可持续发展评价指标对以经济增长为核心的发展战略及其所带来的不良后果进行了反思，认为经济增长不等于发展，富裕也不等于幸福，在关注国家经济发展的同时，也综合评价社会、环境、资源等多方面的发展情况。

20世纪90年代左右可持续发展评价指标体系开始大量出现，各国际组织和部分学者纷纷从不同角度和尺度构建了各有侧重点的可持续发展评价体系。在此期间，较为完整和典型的评价指标体系有联合国开发计划署

(1990) 为了测度与衡量各国的人类发展状况建立的人类发展指数[20]，联合国可持续发展委员会（UNCSD）从环境受到的压力与环境退化之间的关系出发构建的可持续发展指标体系[21]、联合国经济合作与发展组织（OECD）基于评价对象的“压力—状态—响应”指标与参照标准相对比构建的可持续发展指标体系、联合国统计局（UNSTAT）在联合国“建立环境统计的框架（FDES)”的基础上构建的可持续发展指标体系（FISD)[22]、环境问题科学委员会（SCOPE）基于UNCSD的可持续发展指标体系框架提出的可持续发展指标体系[23]、耶鲁大学环境法律与政策中心和哥伦比亚大学国际地球科学信息网络中心从减少环境对人类健康造成的压力、提升生态系统活力和推动自然资源的合理利用等角度出发联合发布的环境可持续发展指数（ESI)。此外，还有比如世界银行（1995）基于D. W. 皮尔斯的思想，扩展了传统资本的概念，从环境、社会、经济和制度四个领域提出的新国家财富指标[24]，科布等（Cobb et al.，1995）扩展了传统的国民经济核算框架，提出的包括社会、经济和环境三个账户建立的真实发展指数[25]，世界自然保护联盟和国际发展研究中心（1995）以“可持续发展是人类福利和生态系统福利的结合”和“福利卵”为理论依据，认为人类与生态系统是相互依赖的关系，建立起的包含人类福利和生态系统福利的可持续性晴雨表[26]，威克纳格等（Wackernage et al.，1996）基于对时间、空间二维的可持续性程度做出客观量度和比较而建立的著名的生态足迹[27]，欧盟委员会（1999）建立的环境压力指数[28]和国际可持续发展工商理事会（1999）建立的生态效率指数[29]等。在其他国家，还有像美国可持续发展总体委员会（1998）发布的包括经济、社会、环境三大范畴的美国可持续发展指标体系，英国环境部环境统计和信息管理处（1996）结合国家发展阶段和可持续发展战略出台的英国可持续发展指标体系，荷兰的政策绩效指标体系等。该时期的可持续发展研究热点逐渐从对可持续发展的定义探讨转向了对可持续发展指标体系的构建及其评价的研究。

进入21世纪，可持续发展评价指标体系的研究已经更趋于成熟，在这一时期建立的指标体系更多地关注环境、发展、经济和社会的某一个领域，研究对象更为具体，如联合国（2000）在《千年宣言》中提出的千年发展目标[30]，国际可持续发展研究院（2001）设计的可持续评价仪表板[31]，世界经济论坛（2002）建立的环境可持续发展指数[32]和环境绩效指数[33]，南太平洋地球科学委员会（2005）构建的环境脆弱性指数[34]以及柯克和曼努埃尔（Kerk & Manuel，2008）创立的可持续社会指数[35]等。这一时期学术界对于可持续发展指标体系的集中在对生态系统的评估与监测上，注重对生态系统健康状况与生态系统服务价值进行评估，分析生态系统与社会经济系统的联系从而更好地制定后续的干预政策。

综合来看，可持续发展指标体系的构建基础主要有经济学框架和自然科学框架两大类。经济学框架下的可持续发展指标体系通常主张指标的货币综合价值核算，主要包括了自然资源损耗的货币价值核算、绿色GDP的核算、“四资本”模型等，其中真实发展指数、可持续经济福利指数以及世界银行的新国家财富指标体系等就是经济学框架下的典型代表。自然科学框架下的可持续发展指标体系则通常采用目标分解法、系统分解法以及综合归纳法来构建，如经合组织（OECD）提出来经典框架“压力—状态—响应”（PSR）模型以及后来被扩展的“驱动力—压力—状态—影响—响应”（DPSIR）框架模型均受到了广泛应用。

国内关于可持续发展评价指标体系的研究也较为活跃，譬如，中国科学院可持续发展研究组（1999）在《中国可持续发展战略报告》中提出了由生存、发展、环境、社会和智力5个支持系统、45个指数、208个具体指标组成的中国可持续发展指标体系[36]。北京师范大学李晓西（2014）在借鉴人类发展指数的基础上，认为社会经济可持续发展和生态资源环境可持续发展两大维度同等重要，构建了以12个元素指标为计算基础的

“人类绿色发展指数”，测算了123个国家绿色发展指数值及其排序[37]。中国科学院的毛汉英（1996）提出了山东省可持续发展指标体系，该指标体系包含经济增长、社会进步、资源环境支撑、可持续发展能力4个子系统、90个指标[38]。张学文等（2002）从资源、经济、环境、生态、人口、社会和管理、区域关系、世代关系等九大子系统对黑龙江省区域可持续发展进行了综合评价[39]、赵多等（2003）从自然资源潜力、环境质量水平、生态环境保护、生态环境建设和生态环境管理等6个方面出发，选择40个指标构建了浙江省生态环境可持续发展评价指标体系[40]。此外，乔家君等（2004）基于经济、环境、人口、社会、资源、科技6个系统，利用改进的熵值法对河南省的可持续发展能力进行了评估[41]。曹凤中等（1998）基于“压力—状态—响应”（PSR）模型，对资源环境系统、社会环境系统、经济发展系统、可持续发展系统进行分析，并选取威海开展城市可持续发展案例研究[42]。

以上文献表明，国内关于可持续发展指标体系的构建往往以联合国等国际组织或学术机构的可持续发展指标框架为基础，采用“压力—状态—响应”（PSR）模型，结合我国发展中国家的现实国情，立足于各自的部门特点和发展阶段，提出针对性强的可持续发展指标体系。

党的十七大报告第一次提出了生态文明的要求，明确指出：“建设生态文明，基本形成节约能源资源和保护生态环境的产业结构、增长方式、消费模式。”生态文明是以尊重和维护生态环境为主旨，以可持续发展为根据，以未来人类的继续发展为着眼点。

由可持续发展到生态文明，评价指标体系在传承和实践中得到了长足的进步和发展。

2. 生态文明评价指标体系

生态文明建设将生态环境条件、自然资源禀赋、人口状况、经济发展水平、社会进步程度、政治发展水平和文化发展水平视为一个有机整体。

找准生态文明建设的切入点，必须对生态文明现状水平及建设程度进行客观、科学评价，生态文明评价指标体系是生态文明建设的逻辑起点[43]。从现有的研究来看，生态文明评价指标体系的设计与应用已经具备较为丰富的研究基础，总结已有的研究成果，可以为本书的研究提供有效的经验和启示。

（1）政府层面的研究探索。

自党的十七大报告提出建设生态文明以来，多个部委提出了生态文明建设的相关意见。2013 年 1 月，水利部提出了《关于加快推进水生态文明建设工作的意见》，关注水资源利用、管理及水环境；2013 年 9 月，国家林业局发布了《推进生态文明建设规划纲要（2013 ~ 2020 年）》，关注生物资源、林业生态经济；各部委构建的指标体系各有侧重点。环保部的《国家生态文明建设试点示范区指标（试行）》《生态县、生态市、生态省建设指标（修订稿）》均体现了分级差别化生态文明评价指标体系，且后者在指标设计时考虑了分类，如按经济发展程度分类、按地理位置分类等，这些都是这类指标体系的创新所在；该类指标体系虽然将资源消耗指标、国土空间指标纳入了考虑范畴，但涉及指标数量较少，且没有将其放在与经济发展、生态环境保护、社会进步同等重要的地位考虑。2013 年 12 月，国家发改委、财政部、国土资源部、水利部、农业部、国家林业局等六部委联合制定了《国家生态文明先行示范区建设方案》，该方案明确的“选取不同发展阶段、不同资源环境禀赋、不同主体功能……重要的意义和作用”等内容对构建湖北省生态文明评价指标体系具有十分重要的指导意义。相对而言，环保部及六部委联合制定的生态文明评价指标体系更加全面。2016 年 12 月，根据中共中央办公厅、国务院办公厅关于印发《生态文明建设目标评价考核办法》的通知要求，国家发展改革委、国家统计局、环境保护部、中央组织部制定了《绿色发展指标体系》和《生态文明建设考核目标体系》，作为生态文明建设评价考核的依据。

其中，《绿色发展指标体系》设计了资源利用、环境治理、环境质量、生态保护、增长质量、绿色生活和公众满意程度 7 个方面，共计 56 个指标，由国家发改委和国家统计局等多个部委联合评价。绿色发展指标体系采用综合指数法进行测算，“十三五”期间，以 2015 年为基期，结合“十三五”规划纲要和相关部门规划目标，测算全国及分地区绿色发展指数和资源利用指数、环境治理指数、环境质量指数、生态保护指数、增长质量指数、绿色生活指数 6 个分类指数。绿色发展指数由除“公众满意程度”之外的 55 个指标个体指数加权平均计算而成。公众满意程度为主观调查指标，通过国家统计局组织的抽样调查来反映公众对生态环境的满意程度。该指标不参与总指数的计算，进行单独评价与分析，其分值纳入生态文明建设考核目标体系。

《生态文明建设考核目标体系》则设计了资源利用、生态环境保护、年度评价结果、公众满意程度和生态环境事件 5 个方面，共计 23 个指标，它是基于《绿色发展指标体系》进行核算打分的，特色在于增加了生态环境事件这一扣分项。

《绿色发展指标体系》和《生态文明建设考核目标体系》这两套指标体系对于我国生态文明建设评价起到了重要的参考作用。其设置的指标较为全面，绝大部分指标均为数据可获取的指标，仅有公众满意程度为主观调查指标，指标的设置和可操作性得到了保证。

（2）学者的评价实践。

相关研究机构、专家学者等提出的生态文明评价指标体系，虽然不像各部委考评体系对区域发展具有十分明显的约束力，但仍有部分研究报告具有较强的社会影响，且对本文构建湖北省生态文明评价指标体系具有重要的借鉴意义。

关于省域生态文明评价指标体系的研究相对更为全面。有较多研究从国家层面构建了省域生态文明评价指标体系。严耕（2010）[44]、吴明红

(2012)[45]从生态活力、环境质量、社会发展、协调程度四方面构建了省域生态文明评价指标体系，严耕（2014）仍然从以上四方面构建指标体系，但将相对经济发展的协调程度调更为总体协调，实现了对社会与自然真实协调的评价[46]。成金华、陈军（2013）从制度执行、实施效果两方面构成绿色制度实施维度指标，具体从资源、环境、经济社会、绿色制度四方面选取了45个指标构建了生态文明发展水平指标体系[47]，杨开忠教授等2009年提出以生态效率测度生态文明指数[48]，并于2014年对生态文明指数进行了修正，在生态效率指数的基础上加入了环境质量指数，其中环境质量指数重点考虑了空气环境质量[49]。国务院发展研究中心课题组（2014）基于生态文明建设综合水平影响因素的分析，从生态承载、生态环境、生态经济、生态制度、生态社会五个维度，选取36个指标构建了生态文明评价指标体系[50]。李悦（2015）根据生态文明建设的四大任务，即从资源节约、环境保护、国土空间格局优化、生态文明制度建设四方面建立了省域生态文明评价指标体系[51]。刘伦、尤喆等（2015）从经济发展、资源节约、环境友好、生态和谐四个维度构建了中部地区生态文明评价指标体系[52]。林涛（Lin Tao，2016）等从经济发展、环境保护、社会发展、保障系统四方面构建了生态省的评价指标体系，并对福建省进行了实证研究[53]。王然（2016）在构建省域生态文明评价指标体系的基础上加入了红线指标，构建了生态文明评优模型，并展开实证研究[54]。

还有部分学者针对不同的省域提出生态文明评价指标体系。张欢、成金华（2013）从资源条件优越、生态环境健康、经济效率较高、社会稳步发展四个方面构建了湖北省生态文明评价指标体系[55]，施生旭、郑逸芳（2014）从低碳建设、循环建设、和谐建设、文化建设、责任建设五方面构建了生态文明建设可持续发展评价体系，并对福建省生态文明水平进行了综合评价[56]。高玉慧、罗春雨等（2014）从空间格局与生态红线、资源利用与产业结构、生态保护与制度机制、社会民生与意识文化四方面构建了黑龙江省生态文明建设评价指标体系[57]。北京国际城市发展研究院、贵州大学贵阳创新驱动发展战略研究院共同提出了从生态经济、社会、环境、文化、制度建设五方面构建生态文明评价指标体系，测算了31个省区市（不包含港澳台地区）生态文明发展指数[58]。王然（2016）将全国31个省区市（不包含港澳台地区）划分了三大类，并分别对其构建了差异化的指标体系和测算[54]。

随着生态文明评价指标体系研究的深入，有较多学者将生态文明评价指标体系的研究对象细化至城市和县域。刘举科、曾伟平等（2014）仅从生态环境、生态经济、生态社会三个维度选取指标构建了城市生态文明评价指标体系[59]。张欢、成金华等（2015）从生态环境的健康度、资源环境消耗的强度、面源污染的治理效率、居民生活宜居度四方面构建特大型城市生态文明评价指标体系[60]。有部分学者针对特定城市构建生态文明评价指标体系，关琰珠、郑建华等（2007）从资源节约、环境友好、生态安全、社会保障四方面选取32个指标构建了厦门市生态文明评价指标体系[61]。还有学者结合城市功能构建了城市生态文明评价指标体系，杜勇（2014）从资源保障、环境保护、经济发展、民生改善四方面选取26个指标构建了资源型城市生态文明评价指标体系[62]，秦伟山、张义丰等（2013）将生态文明意识文化、制度保障融入生态文明评价指标体系，即从意识文化、经济运行、环境支撑、生态人居、制度保障五个方面选取指标构建了生态文明评价指标体系，在此基础上评价了生态城市生态文明建设水平[63]；李悦（2015）从生活空间、生产空间、生态空间、制度保障分别构建了大城市、中小城市生态文明评价指标体系[51]。

县域或特定区域的生态文明评价指标体系研究并不多见。赵好战（2014）从生态活力、社会活力、经济活力、协调程度四个方面构建了石家庄市县域生态文明评价指标体系[64]。徐娟、方燕（2015）虽然没有构建县域生态文明评价指标体系，但提出了应探索建立县域生态文明评价指标体系[65]。另外，还有部分学者针对区域功能提出了不同区域生态文明评价指标体系。周命义（2012）从生态环境保护系统、林业经济发展系统、社会文化保护系统三方面选取了森林覆盖率、村庄林木覆盖率、沿海宜林滩涂绿化率、农田防护林网绿化率、森林自然度、森林生态功能等级比例等指标构建了森林生态文明城市评价指标体系[66]，该指标体系针对性较强。成金华、陈军等（2013）在上述四个维度的基础上添加了绿色保障系统维度，即从资源利用、环境保护、生态经济、社会发展、绿色保障五个维度选取36个指标构建了矿区生态文明评价指标体系[67]。彭等（Peng et al.，2016）从生态元素、生态重要性、生态弹性三方面构建了山区生态适宜性评价指标体系[68]。

3. 文献评述

纵观国内外研究现状，不论是从可持续发展评价指标体系到生态文明评价指标体系，抑或是政府层面的指导性评价指标体系到实证应用性的专家学者生态文明评价指标体系，我国的生态文明评价指标体系已经有了丰富的研究成果和进步。研究的内容也更加具体和有针对性，也为本书构建湖北省生态文明评价指标体系和识别影响生态文明建设的关键因素作出了充分的理论基础和现实参考。

上述已有研究对本书构建城市生态文明评价指标体系具有十分重要的指导意义。但就湖北省生态文明评价指标体系而言，仍然存在着改进和完善的空间，主要包括以下几个方面：

（1）考虑湖北省生态文明建设面临的机遇和挑战。

我国各地区工业化、城镇化阶段不同，资源环境存量、人口分布不同以及自然资源存量、矿产资源与能源利用效率和对环境的影响程度不同，湖北省在生态文明建设过程中所面临的机遇和挑战也具有独特性，因此在构建湖北省生态文明评价指标体系时既要体现与生态文明建设要求和任务的统一性又要体现湖北省自身的建设要点。不同评价单位面临的机遇和挑战不同，其生态文明建设所要解决的主要矛盾也不一样，所构建的生态文明评价指标体系应各有侧重点。

（2）更多地融入与《绿色发展指标体系》相关的指标。

《绿色发展指标体系》作为我国最新的生态文明建设评价考核的依据，充分考虑了《国民经济和社会发展第十三个五年规划纲要》和《中共中央、国务院关于加快推进生态文明建设的意见》中的资源环境约束性指标等内容，体现了它的权威性和合理性。此外，绿色发展是转变经济发展方式的关键环节，是中国经济发展的必然趋势，必须融入生态文明评价指标体系中。现有部分研究或将居民收入水平作为生态经济的衡量指标，但仅仅这些指标是不够的；实现绿色发展，不仅要有科技驱动，降低单位GDP能耗和物耗，保持较高的R&D经费投入，同样需要大力发展现代服务业，提升企业经济效益。因此，在湖北省生态文明评价指标体系中融入更多的与绿色发展指标体系相关的指标势在必行。

1.3.3 PSR模型应用研究

在资源可持续利用等的研究中，专家和学者设计了许多的概念模型或研究框架，如PSR（压力—状态—响应）、accounting frameworks（会计结构）等，用于区域环境的监测与分析、资源管理与政策的制定[69]。PSR概念模型最早是由OECD（经济合作与发展组织）为了评价世界环境状况提出并建立的[22]，简单地说PSR模型主要是为了提出问题、分析问题以及解决问题。在PSR概念模型提出后不久，各种修正模型相继提出，如PSIR概念模型、DSR概念模型及DPSIR概念模型等，据此这些模型构建了涵盖社会、经济、环境、政策四个系统的指标体系。

PSR（pressure-state-response，压力—状态—响应）模型是一种较为先进的资源环境管理体系，应用领域主要集中在水、土壤、农业、生物和海洋等资源的管理保护和对环境管理如何科学决策并实施等方面，用来描述人类与环境之间相互作用的因果关系。在国外，PSR 模型的应用已经取得了阶段性成果。国内该模型的应用研究主要集中在环境管理研究、土地可持续利用研究、水资源可持续利用评价指标体系研究等文献中，它能够从系统学的角度出发，多方面地分析人与环境系统的相互作用，是一种在环境系统中广泛应用的评价体系模型，也是组织环境状态信息的通用模型。PSR 模型包括压力（pressure）、状态（state）和响应（response）三个部分，其中，社会、经济、人口的发展而引发的人类生活方式、消费及其生产形式的改变导致了整个生产、消费层面的变化并因此对环境产生了巨大的压力，该模型中压力用于描述与之相关的一些内容，压力通过改变生产和消费的惯有形式，进而带来相应的环境状态的改变，压力因素能够很好地揭示出导致环境变化的各种直接因素；状态用于描述特定时空内的物理、生物及其化学现象，及环境状态的诸多改变对整个生态系统会产生怎样的影响，并最终对人类社会产生怎样的影响；响应主要用来说明政府、组织和个人为了防止问题的发生而采取的相应对策。

PSR 概念模型适用于对复杂系统的某一动态、变化的属性进行评价，具有系统性、整体性的特点，并有效地整合了资源、经济、政策、制度等方面的因素。生态文明作为中国共产党“五位一体”战略的重要内容，实施生态文明战略主要包括三个层面的含义：一是我国社会经济快速发展过程中的资源环境代价过大，如果不加以干预，我国资源安全、能源安全、环境安全和生态安全难以保障，最终影响到经济安全、国防安全和社会安全；二是我国生态环境问题已经十分严峻，已经影响到生态系统的健康和居民的身体健康，是制约当前社会可持续发展的决定因素；三是相对于其他生态环境管理政策，生态文明政策更为系统和明确，更能促进生态环境管理和资源管理政策的科学化和高效化。由此可见，生态文明建设是基于当前资源压力、能源压力、环境压力和生态压力，针对不断恶化的生态环境健康状态做出的旨在实现优化国土空间布局、资源节约和环境保护的重要措施，是一个基于“压力—状态—响应”的系统进步过程。

因此，可以用PSR框架对我国生态文明建设水平进行评价，并且将可持续发展的思想灌输到整个过程当中，这对于我国全面推进生态文明建设，具有非常重要的现实意义。

1.4 研究思路、研究内容与方法

1.4.1 研究思路

本书按照“提出问题—分析问题—解决问题”的方法论，理论探索与实证研究相结合，对湖北省各地市州和三大城市群的生态文明建设水平进行评价研究，首先依照生态文明建设理论的论述与界定，对生态文明的科学内涵和现有生态文明建设相关研究进行系统的分析、梳理与评价。按照党的十九大、十八大及十八届三中、四中、五中全会的最新要求，结合《国务院关于加快推进生态文明建设的意见》提出的生态文明建设评价体系，形成评价基本框架，并结合湖北省生态文明建设面临的形势，基于PSR模型针对性地构建湖北省生态文明评价指标体系。运用构建的评价指标体系，对湖北省生态文明建设水平分别从各地市州和三大城市群展开评价分析。其次，在此基础上，研究湖北省生态文明建设的空间效应，并识别出湖北省生态文明建设的关键因素，运用空间计量模型进行影响因素的分析和估计。最后，对已有的研究结果进行了整合，综合湖北省生态文明建设的评价结果，提出推进湖北省生态文明建设和生态文明建设考核评价的政策建议。

本书从理论和前人研究的基础着手，具体研究了已有的理论成果，参考了与生态文明建设相关的理论，并探究了相关的分析思维与模式。紧紧围绕湖北省生态文明建设的相关要素开展研究工作，拟采用关键技术路线如图1－3所示。

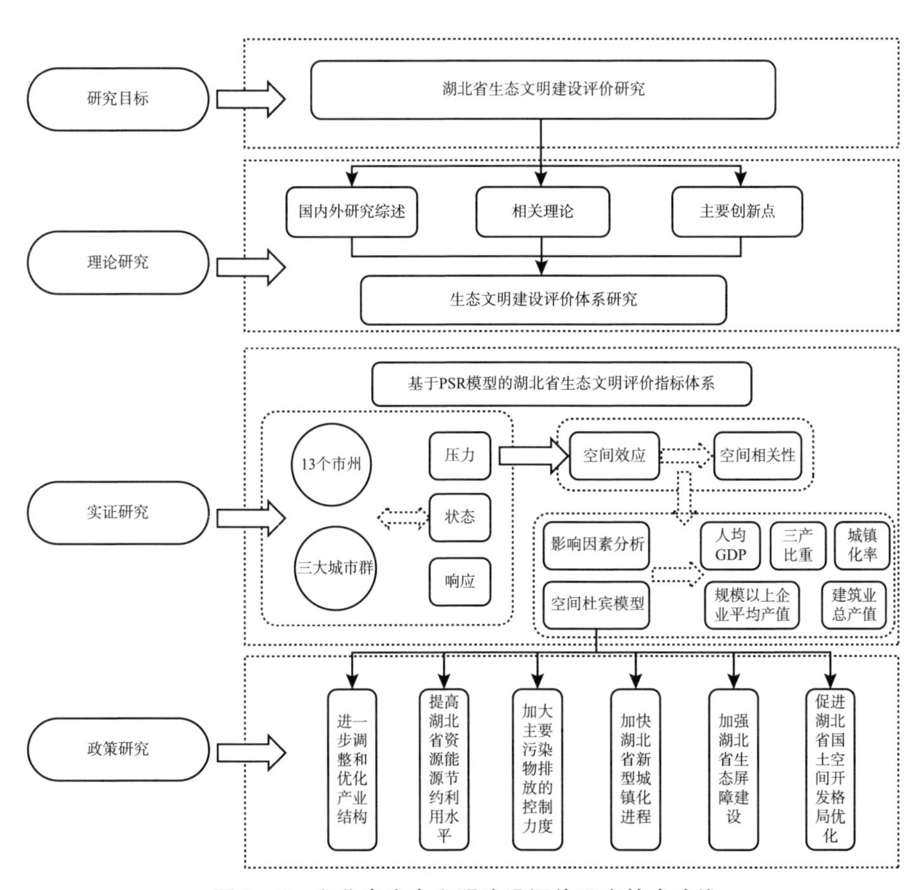

图1－3　湖北省生态文明建设评价研究技术路线

1.4.2 研究内容

本书选题来自国家社会科学基金重大招标项目，主要从资源产业经济学、区域经济学、生态经济学、社会学相整合的维度，对湖北省生态文明建设这一主题涉及的目标、评价指标体系、空间效应、影响因素及政策措施展开较为系统、全面的研究。紧密围绕湖北省生态文明建设的理论及湖北省生态文明建设实践过程里出现的系列问题展开了研究，确立了以下主要研究内容：

第1章，绪论。立足于研究的背景和意义展开了研究，再借助相关的文献理论，科学阐述生态文明和生态文明评价的内涵，从国内外可持续发展评价指标体系、生态文明评价指标体系和PSR模型应用研究进行了归纳总结，并阐述了与之相关的理论基础。最后，对本书的研究思路、研究方法以及创新之处作了简要的概述。

第2章，湖北省生态文明建设面临的形势分析。本章试图从湖北省生态文明建设面临的机遇和挑战入手，剖析湖北省生态文明建设的重点和要点。首先，本章分析了湖北省生态文明建设面临着的战略机遇，现有国家层面的政策、湖北省两型社会国家综合试验区的地位，"两圈两带"的战略规划和湖北省"一主两副"的发展规划对湖北省加快生态文明建设和提升区域生态文明建设有着重要的理论基础和政策基础。其次，对湖北省生态文明建设面临的挑战进行分析，得出湖北省产业结构优化程度不够，资源能源禀赋不足和科技创新水平整体不强等结论。在此基础上，对湖北省生态文明建设的重点进行分析，指出湖北省应突破资源环境约束，缓解经济社会发展压力；保护生态资源，建设良好生态环境和加强政策响应，根治顽疾陋习。为后文湖北省生态文明评价指标体系的构建和实证打下基础。

第3章，基于PSR模型的湖北省生态文明评价指标体系构建。结合生态文明评价指标体系的构建原则和第2章有关湖北省生态文明建设面临的形势和建设要点，本章引入“压力—状态—响应”模型进行湖北省生态文明建设评价指标体系的构建。首先，阐述了PSR模型应用于生态文明评价的意义，在此基础上构建了基于PSR模型的生态文明建设评价框架。通过对生态文明评价指标的频度分析和对生态文明评价指标体系的选取原则进行剖析后，在基于PSR模型的生态文明建设评价框架上从压力、状态和响应三个维度选取了30个具体指标，构建了湖北省生态文明评价指标体系。

第4章，湖北省生态文明建设水平评价测度。本章在第3章构建的湖北省生态文明评价指标体系的基础上对2006~2015年间湖北省13个市州以及三大城市群生态文明建设进行评价分析。首先，本章对现有的权重计算方法进行评述，并选取主观赋权和客观赋权相结合的方法来确定指标权重，在此基础上，分别对湖北省13个市州以及三大城市群的压力系统、状态系统、响应系统和综合结果进行分析，并针对评价结果相应地提出改善建议和措施。

第5章，湖北省生态文明空间效应研究。本章内容首先介绍了地理经济现象中观测数据的两种空间效应：空间依赖性和空间异质性。然后介绍了观测数据空间依赖性的检验和估计方法，给出了全局和局域空间自相关检验的检验统计量的表达式和相应的显著性检验。最后对湖北省2006~2015年17个城市的生态文明建设水平进行了空间相关性检验，结果表明湖北省城市生态文明建设的空间关联效应在逐渐降低，有不断分化的趋势。湖北省生态文明水平区域空间分布上已形成一个典型的集聚区域：即以黄石市和孝感市为中心，与周边的咸宁、天门、潜江等城市组成的低水平生态文明水平的空间集群区域。而高水平的生态文明建设集聚区域表现不突出。

第6章，本章在指出湖北省生态文明建设存在空间效应的基础上，为了进一步研究湖北省生态文明建设水平的空间性差异和联系，首先分析了经济发展水平、产业结构、新型城镇化、规模以上工业企业、建筑业等方面影响生态文明建设的机理，其次以城市生态文明建设水平为被解释变量，从经济发展水平、产业结构、新型城镇化、规模以上工业企业、建筑业五个方面选取影响因素指标作为解释变量，将城市生态文明建设水平的空间相关效应纳入计量分析框架，引入空间杜宾模型，建立空间计量回归模型对城市生态文明建设水平的影响因素进行实证分析。

第7章，推进湖北省生态文明建设的政策建议。

第8章，提出了本研究的不足以及后续研究展望。

1.4.3 研究方法

（1）理论分析与实践总结相结合。

本书将运用资源产业经济、区域经济学和生态学等学科的理论与方法，深入揭示湖北省生态文明建设中面临的机遇和挑战，研究湖北省生态文明建设重点，并通过理论分析和实践总结，甄别影响湖北省生态文明建设的关键因素，提出推进湖北省生态文明建设的政策体系。

（2）比较分析与历史分析相结合。

本书将从历史变迁的角度回顾湖北省生态文明建设的演变趋势，找出其基本规律及影响因素。同时借鉴国内成熟的政策和经验，结合湖北省经济社会发展的现实情况，采用比较分析方法深入分析湖北省13个市州和三大城市群生态文明建设的现状和特征，探究湖北省生态文明建设过程中存在的主要问题以及改进的目标、方向与重点。

（3）统计计量分析法。

通过收集相关的数据及资料，运用ARCGIS与GEODA空间计量软件对湖北省生态文明建设水平的空间相关性做出客观科学的评价，运用SPSS、Matlab等软件对湖北省生态文明的动态发展水平进行测度，并在此基础上为生态文明发展政策制定提供理论依据和数据支撑。

1.5　本书主要创新点

（1）结合湖北省生态文明建设面临的机遇和挑战，分析湖北省生态文明建设的重点，基于PSR模型构建了适用于湖北省生态文明建设的评价指标体系，为我国生态文明建设考评与发展提供科学参考。

（2）运用构建的上述指标体系，对湖北省13个地市州和三大城市群生态文明建设分别进行了静态和动态分析，并针对评价结果运用空间自相关和空间计量的方法对湖北省城市生态文明发展水平空间分布及影响要素进行了分析。

第2章 湖北省生态文明建设面临的形势分析

20世纪末以来，关注生态环境，协调经济社会发展与生态环境保护之间的关系，走可持续发展之路，已逐渐成为了全人类的共识。我国也逐渐从对大自然的征服型、掠夺型和污染型的工业文明道路逐渐走向了环境友好型、资源节约型、消费适度型的生态文明道路。2009年10月13日，湖北省委、省政府在全国率先出台《关于大力加强生态文明建设的意见》，加快推进资源节约型和环境友好型社会建设，全面构建湖北省生态文明。本章将从湖北生态文明建设面临的机遇和挑战入手，对湖北省生态文明建设面临的形势进行基本的判断和总结，为湖北省生态文明评价打下基础。

2.1 湖北省生态文明建设面临的优势和机遇

2007年12月，中共中央批准武汉城市圈为全国资源节约型和环境友好型社会建设综合配套改革试验区。2010年8月，国家发展和改革委员会确定5省8市率先开展低碳试点工作，湖北名列其中。2013年，湖北省全面贯彻落实党中央、国务院和习近平总书记关于生态文明建设的重要指示精神，坚持“生态立省”战略，以“建成支点、走在前列”作为总领，以创新生态文明体制机制、优化国土空间开发格局、全面打造绿色经济引擎、加强生态保护与建设、提升“千湖之省”水活力、改善环境与风险管控、科学推进绿色城镇化、弘扬荆楚特色生态文化作为八大重点任务，科学谋划全省生态文明建设，制定了《湖北省生态省建设规划纲要（2014～2030年）》。2014年7月22日，由国家发改委、财政部、国土资源部、水利部、农业部和国家林业局联合发布的《关于开展生态文明先行示范区建设（第一批）的通知》中，湖北省十堰市和宜昌市名列其中。2016年3月，《长江经济带发展规划纲要》经审议通过，湖北省作为长江经济带中重要的省份之一，率先在长江经济带11个省市中组织编制了《湖北长江经济带生态保护和绿色发展总体规划》。这些优势将进一步加快和推进湖北省生态文明建设步伐，湖北生态文明建设面临新的发展机遇。

2.1.1 “五位一体”战略

党的十七大提出建设社会主义生态文明以后，环境保护部从2008年开始，开展六批生态文明建设试点工作，全国共有125个省、市、县被确定为全国生态文明建设试点。党的十八大报告明确指出生态文明建设是关系人民福祉、关乎民族未来的长远大计，要求把生态文明建设放在突出地位，融入经济建设、政治建设、文化建设和社会建设的各方面和各过程。这种生态文明建设的总体布局被称作“五位一体”。

党的十八大提出“五位一体”建设总布局，纳入生态文明建设，提出要从源头扭转生态环境恶化趋势，为人民创造良好生产生活环境，努力建设美丽中国，实现中华民族永续发展，是我国社会主义现代化发展到一定阶段的必然选择，体现了科学发展观的基本要求。党的十九大进一步强化生态文明建设的重要地位，将其定义为中华民族永续发展的千年大计。随着生态文明建设试点工作的逐步展开，试点地区通过开展生态经济、生态环境、生态文化、生态人居的建设，初步形成了能有效促进环境、经济与社会发展良性互动、良性循环的区域发展模式。这些地区结合本地经济、社会的发展水平和环境保护的状况，在建立生态经济体系、生态环境体系、生态人居体系和生态文化体系，以及在构建有利于节约资源和保护环境的产业结构、生产方式和消费模式方面，进行了大量有益的探索，积累了成功经验，取得了生态文明建设的先行优势。

2.1.2 长江经济带的大保护战略

2013 年 7 月，习近平总书记在武汉调研时指出，长江流域要加强合作，发挥内河航运作用，把全流域打造成黄金水道。此后，习近平总书记又多次发表重要讲话，强调推动长江经济带发展必须走生态优先、绿色发展之路，涉及长江的一切经济活动都要以不破坏生态环境为前提，共抓大保护、不搞大开发，共同努力把长江经济带建成生态更优美、交通更顺畅、经济更协调、市场更统一、机制更科学的黄金经济带。推动长江经济带发展，是党中央、国务院主动适应把握引领经济发展新常态，科学谋划中国经济新棋局，作出的既利当前又惠长远的重大决策部署，对于实现“两个一百年”奋斗目标和中华民族伟大复兴的中国梦，具有重大现实意义和深远历史意义。

湖北省作为长江经济带中的重要组成区域之一，地处长江之“腰”，长江流经湖北境内 1 061 公里，占长江通航里程约 1/3。湖北省是长江干线流经最长的省份，是三峡工程库坝区和南水北调中线工程核心水源区，是长江流域重要的水源涵养地和国家重要的生态屏障，生态安全地位举足轻重。为抢抓长江经济带发展战略机遇，践行生态优先、绿色发展理念，湖北在长江经济带11省市中率先组织编制了《湖北长江经济带生态保护和绿色发展总体规划》。

为了推进长江经济带生态保护和绿色发展，该规划坚持以人民为中心的发展思想，坚持政府主导、问题导向、统筹部署、改革创新的原则，遵循生态系统的完整性和内在规律性，以改善生态环境、推进绿色发展为目标，把修复长江流域生态环境摆在压倒性位置。坚持加强饮用水水源地保护，坚决取缔饮用水水源保护区内的所有排污口，保障生活、生产和生态用水安全等措施来切实保护和科学利用长江水资源。通过严格控制入江河湖库排污总量，加强三峡库区、丹江口库区等重点水域水质监测和综合治理，加强重点河段总磷污染防治，强化跨界断面水质考核，来确保流域水质稳步改善。通过严格大气污染物总量控制，加强主要大气污染物综合防治和挥发性有机物排放重点行业整治，强化机动车尾气治理，深入推进农作物秸秆露天禁烧和综合利用。严格控制和有效治理农村面源污染，实施种植业节肥减药工程，推进农业畜禽、水产养殖污染整治工程。加强土壤污染预防、治理与修复，强化重点区域重金属污染综合防治。加强固体废弃物污染防治。以流域重点防控区域和工业园区为重点，全面推进危险废弃物环境管理、化学品环境管理和污染场地修复。建立完善环境风险预测预警体系和重大污染应急处置机制，提高环境监测、环境风险防范和应对能力。全面推进空气质量、水环境质量、土壤环境质量、污染物排放、污染源、排污单位环境信息公开等一系列手段来加强流域环境的综合治理。

此外，还将通过深入实施“绿满荆楚”行动，加快长江防护林体系建设，扩大公益林保护范围，将所有天然林纳入保护范围，全面禁止天然林商业性采伐。加大对大别山区、武陵山区、秦巴山区、幕阜山区等重要生态安全屏障的保护力度，开展神农架国家公园体制试点工作。推进绿色矿山生态开发，加强流域矿山生态环境修复与综合治理，坚决关闭不符合环境保护要求的矿山。实施流域石漠化地区生态修复、退耕还林还草等重大工程，加强绿色通道和农田林网建设，增强水源涵养和水土保持等生态功能。实施水生态修复，继续实施退田还湖、退耕还湿、退垸还湿、退渔还湿等工程，开展耕地草原河湖休养生息试点，加强重点湖泊生态安全体系建设，推进生态小流域建设，加强重点湿地保护与建设，把所有湿地纳入保护范围，提升长江湿地生态系统稳定性和生态服务功能。加大南水北调、引江济汉工程实施后的汉江中下游生态修复工作力度。划定全省生物多样性保护优先区域，保护长江流域生物多样性等一系列措施来强化生态保护和修复。

湖北省围绕《长江经济带发展规划纲要》编制的总体规划将为湖北省生态文明建设提供新的战略指导和机遇，包括促进长江生态的修复、推动产业转型升级和新型城镇化进程、推进一体化市场体系和提升湖北省基本公共服务资源均等化等。

2.1.3 从“两型社会”到“两圈两带”

伴随工业化进程的加快，资源约束矛盾越来越凸显。中部地区作为国家重要的能源产出地区，资源消耗和环境污染问题更加突出，“高投入、高能耗、高污染、低产出”的模式难以为继，“低投入、低能耗、低污染、高产出”的发展方式已成必然。在此背景下，出于战略考量，国家提出在中部改革试验区建设“两型社会”目标。2007 年 12 月，武汉城市圈被国家确定为“两型社会”试验区并被赋予先行先试的政策创新权。武汉城市圈“两型社会”建设启动以来，经济增速高出全省平均水平，为湖北省经济社会发展发挥了巨大的支撑作用，也为湖北省努力构筑中部崛起战略支点提供了有力支撑[70]。

进入“十三五”，武汉城市圈“两型社会”改革试验自外而内进入深水区域，除继续抓好节能减排、治理生态环境等硬性任务外，将在三个方面下功夫：一是大力推进体制机制创新，形成有利于“两型社会”建设的体制机制；二是加快基础设施、产业布局、城乡建设、区域市场、生态环保“五个一体化”进展；三是发挥武汉龙头作用，明确各城市发展定位，发挥集成效应，提升核心竞争力，努力使武汉城市圈在“两型社会”建设方面力争实现新的突破，形成全国特有的“武汉模式”[71]。

“两圈”：武汉城市圈、鄂西生态文化旅游圈，“两带”：湖北长江经济带、汉江生态经济带。“两圈两带”实现了湖北全省空间上的全覆盖，是由“两圈一带”经过长时间发展和积累实现的转变。2011 年，时任湖北省委书记李鸿忠指出，湖北“两圈一带”发展战略的形成，发端于“中部崛起重要战略支点”的科学定位，起始于武汉城市圈“两型社会”综合配套改革试验区的申报获批，完善于建设鄂西生态文化旅游圈和湖北长江经济带新一轮开放开发的启动实施[72]。2014 年，湖北省完成汉江生态经济带的开放开发总体规划，并起草出台政府意见，将全省发展格局由“两圈一带”变成“两圈两带”。至此，涵盖全省“两圈两带”战略全面正式提出（如图 2－1 所示）。

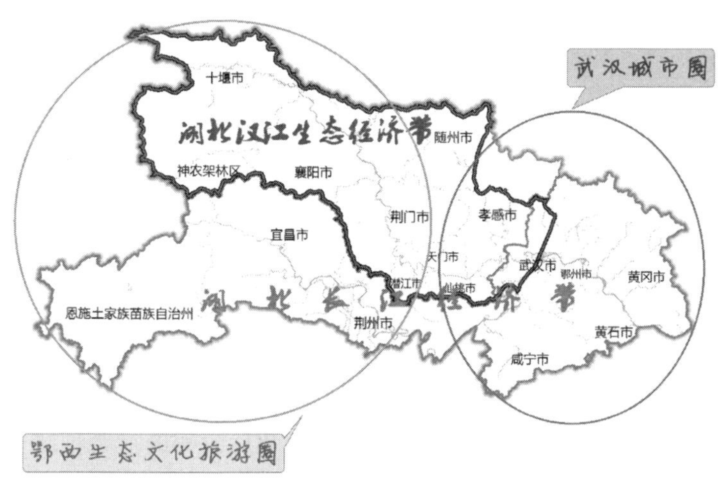

图 2－1　湖北省“两圈两带”战略示意图

资料来源：新浪湖北。

武汉城市圈以武汉为中心，由武汉及周边100公里范围内的黄石、鄂州、孝感、黄冈、咸宁、仙桃、天门、潜江等9个城市构成的区域经济联合体。该区域占湖北省土地面积31.2%、人口52.25%，经济总量占全省60%以上，贡献了超过全省半数的地方财政收入，是湖北名副其实的核心经济区、核心增长极和经济发展先导区，是“两圈两带”战略的核心。

“鄂西生态文化旅游圈”包括襄阳、荆州、宜昌、十堰、荆门、随州、恩施、神农架等8个市州（林区），其人口总量、版图面积分别约占全省的50%和70%，是全国重要的生态功能区，生态文化旅游资源十分丰富。拥有2个世界文化遗产、1个世界非物质文化遗产、9个国家自然保护区、35个国家非物质文化遗产、4个国家级风景名胜区及3个国家级地质公园。生态、文化旅游资源及旅游景区等占全省比例均在一半以上。具有生态、历史文化、工程建设奇观、地域民俗、区位五大资源优势：森林面积占全省54%，神农架是全球中纬度地区唯一保存最为完好的原始森林；集中了楚文化、三国文化、巴土文化和宗教文化等湖北五大文化体系中的四大文化以及以土苗少数民族风情和武当山地区民间故事为代表的民俗文化。

湖北长江经济带以武汉为中枢，宜昌、荆州、咸宁、黄冈、鄂州、黄石等7个大中城市为节点，沿江25个县（市）为依托，打造的沿江高新技术、先进制造等产业密集带。充分发挥传承和扩散功能，呼应浦东新区建设和西部大开发，湖北长江经济带将成为全流域乃至全国的现代产业密集带和物流大通道，是“两圈一带”战略的主轴部分。

湖北汉江生态经济带：汉江流域自然资源丰富、经济基础雄厚、生态条件优越，是连接武汉城市圈和鄂西生态文化旅游圈的重要轴线、连接鄂西北与江汉平原的重要纽带，具有“融合两圈、连接一带、贯通南北、承东启西”的功能，在湖北省经济社会发展格局中具有重要的战略地位和突出的带动作用。

“两圈两带”战略充分体现了生态发展的原则。以构建促进中部地区崛起重要战略支点作为发展目标，把探索新型工业化、城市化道路作为首要任务，把转变发展方式、建设“两型社会”、推进体制创新、体现资源整合作为核心理念。其中，武汉城市圈“两型社会”综合配套改革试验区肩负着探索新型工业化、城市化的道路；鄂西生态文化旅游圈突出生态文化内涵，兼顾物质、精神和生态三个文明建设；湖北长江经济带突出水资源特色、产业升级和功能优化；湖北省汉江生态经济带以生态文明建设为主线，以综合开发为主题，以“绿色、民生、经济”三位一体为导向，以水生态保护和水资源利用为重点，做足水文章，发展生态产业，打造生态廊道，实现生态、经济、社会协调发展。

从“两型社会”到“两圈两带”，湖北省在生态文明建设上实现了由点到面的全面开展，也为湖北省生态文明建设的理论研究和实践操作积累了大量的经验和优势。

2.1.4 “一主两副”和三大城市群

在2011年省政府工作报告中，时任湖北省委副书记、代省长王国生提出，湖北将按照“一主两副”的总体格局，以武汉为全省主中心城市，襄阳、宜昌为省域副中心城市，把武汉城市圈和“宜荆荆”“襄十随”城市群做大做强。将支持襄阳、宜昌扩大规模，完善功能、增强区域辐射力和竞争力，发展成为城市群的核心城市。

武汉城市圈自形成建设以来，于2005年成为了中部四大城市圈之首，战略意义上升到了国家层面，并于2007年被国务院正式批准成为“全国资源节约型和环境友好型社会建设综合配套改革试验区”，湖北省各类生产要素资源有限，武汉城市圈的形成有助于促进武汉城市圈乃至湖北经济的发展，通过配置规模较大、增长迅速，且具有较大地区乘数作用的区域增长极，实行重点集约发展，来带动整个城市圈和全省工业的发展。通过武汉城市圈的建设，湖北的高新技术产业和环保产业群得到快速发展，极大地缓解了湖北经济发展与资源环境管理之间的矛盾，推动了湖北省生态文明建设。

宜荆荆城市群和襄十随城市群是鄂西生态文化旅游圈的重要战略实施举措。两个城市群的建设有利于进一步促进湖北省产业分工和区域产业一体化，推动区域经济绿色健康发展，同时也与武汉城市圈形成对接，有利于湖北省经济社会集群发展，进而促进长江中游城市群的整体进步，实现区域经济社会平衡发展，使得湖北省生态文明建设整体水平上升，缩小地区间差异。

“一主两副”的总体格局和三大城市群的建设有利于湖北省加强形成以区域核心带动周边城市整体推进生态文明建设的新局面，各市州将改善以往孤军奋战的局面，而是形成一种合力，多层面协作建设生态文明。

2.2 湖北省生态文明建设面临的劣势和挑战

目前湖北省生态文明建设已经营造了一个非常好的氛围，全省就加强生态文明建设形成了共识和高度的统一；生态文明建设管理机制初步形成，生态文明目标考核机制和投入机制、公众参与机制面初步建立，生态文明的推进顺利进行，并取得一定成效。但必须清醒地看到，作为华中最大的工业聚集区之一，武汉城市圈、宜荆荆城市群和襄十随城市群在计划经济时代建立起来的工业结构，一定程度上是以过度消耗资源和牺牲环境为发展代价的，资源消耗和环境污染问题突出，资源约束矛盾越来越凸显，一些地区环境污染和生态恶化已经到了相当严重的程度，“高投入、高能耗、高污染、低产出”的模式难以为继，湖北省生态文明建设面临严峻的挑战。

2.2.1 传统产业占主导地位的状况未根本改变

自20世纪90年代以来，湖北省产业结构随工业化进程呈现由低级到高级、由严重失衡到基本合理的发展变动轨迹；经济增长从由第一、第二产业带动转为主要由第二、第三产业带动，逐渐形成与现阶段工业化水平相适应的产业构成现状。国民经济结构调整取得重大成效，产业结构不断得到优化。从增加值构成来看，第二产业的主导地位不断加强，第三产业比重显著提高（见表2－1）。

表2－1 湖北省产业结构演变路径

阶段	期末产业格局	期末一二三产业比	主要特征
1978～1983年	第二产业、第一产业、第三产业	40.1∶40.6∶19.3	农业生产迅速发展，工业生产迅速恢复
1983～1992年	第二产业、第三产业、第一产业	27.8∶40.8∶31.3	工业比重上升，批发零售、住宿餐饮等服务业迅速崛起
1993～2003年	第三产业、第二产业、第一产业	16.8∶41.1∶42.1	第三产业首次超过第二产业并持续保持
2003～2007年	第二产业、第三产业、第一产业	14.9∶46.1∶39.6	实施“工业第一方略”，第二产业进一步加速，第三产业比重相对下滑
2008～2011年	第二产业、第三产业、第一产业	13.1∶50.1∶36.8	第二产业继续上升，第二三产业比重差扩大

续表

阶段	期末产业格局	期末一二三产业比	主要特征
2014年	第二产业、第三产业、第一产业	11.6∶46.9∶4.5	第二产业有所回落，第三产业再度发展
2016年	第三产业、第二产业、第一产业	10.8∶44.5∶44.7	第二产业进一步降低，第三产业比重首度超越第二产业

资料来源：湖北省国民经济和社会发展统计公报。

虽然从发展角度看，湖北省的产业结构在不断优化，但不能忽略的是，目前湖北省传统产业仍占主导地位，第三产业比重仅仅超出第二产业比重0.2个百分点。经济社会发展中产业结构性矛盾仍比较突出。2016年，全国的第一、二、三产业增加值占国内生产总值的比重分别为8.6%、39.8%和51.6%，湖北省第一、二、三产业增加值占比则分别为10.8%、44.5%和44.7%。从图2-2可见，湖北省第一和第二产业比重明显高于全国的平均水平，而继续发展的第三产业，其增加值占GDP的比重则低于全国平均水平。

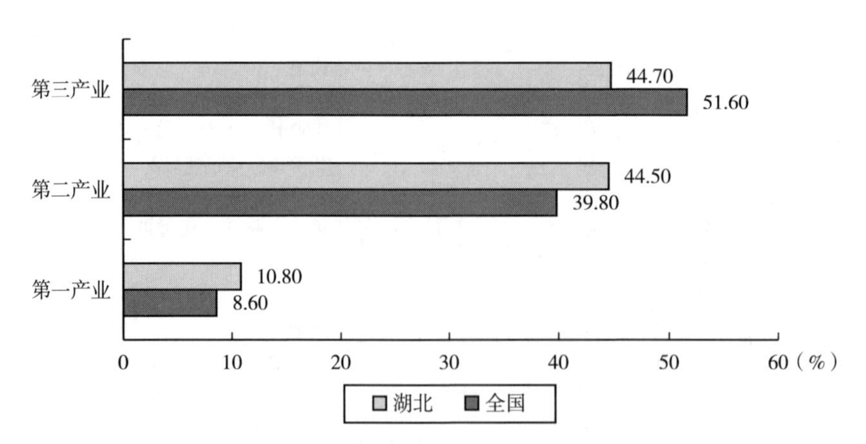

图2-2　2016年全国与湖北省产业构成比较

资料来源：《中国统计年鉴》2017年、《湖北省统计年鉴》2017年。

目前，湖北省产业结构存在的突出问题主要表现在：产业结构高级化程度不够高，进程不够快；工业结构重型化明显，制造业、加工工业发展过快，超过基础工业承受能力；采掘工业规模过小，与原材料工业发展不相适应；第三产业相对滞后，直接为生产服务的行业发展不足等。

从产业结构和产业格局对生态环境和能源消耗的影响看，湖北省既具有规模经济优势的产业，如钢铁、有色金属、化工、汽车等，又包括以劳动密集、产业配套优势为基础，同时具有研发设计、市场营销、品牌等优势的产业，如轻工、纺织服装、部分电子机械等。

从表2－1可知，除了1992～2003年这一发展阶段，湖北省第二产业一直占据龙头地位。也就是说，汽车、钢铁、有色金属、石油化工、电力、建材、纺织等既是湖北的传统工业部门，也是近年来支撑湖北省经济迅速发展的支柱产业，在全省经济发展中具有举足轻重的作用。但这些产业又多为高耗能、高排放产业。

现有产业结构是湖北省生态文明建设的基础和出发点，产业之间的结构性矛盾将会对湖北省生态文明的构建产生深远影响。因此，必须改变高耗能、高排放等传统产业占主导地位的状况，要进一步优化产业结构。产业结构的调整与优化不可能一蹴而就，要做到循序渐进。一是壮大主导优势产业。加快推进“支柱产业倍增计划”和先进制造业振兴工程，加快培育医药、有色金属、船舶等产业，支持桥梁产业进一步做大做强。二是加快发展高新技术产业和战略性新兴产业。实施关键技术培育、产业化推进、产业集群集聚、应用示范、创业投资引导五大工程，培育光通信、高档数控机床、新兴信息服务、化工新材料等18条特色产业链。三是大力提升服务业的比重和水平，重点发展金融保险、商贸物流、信息服务、科技咨询、服务外包等产业。四是积极发展循环经济和低碳产业，加快构建循环型产业体系和再生资源循环利用体系。推进“青—阳—鄂”等不同类型循环经济发展，启动武汉花山生态新城“两型社会”建设示范工程，支持咸宁低碳发展试验区建设，鼓励武昌滨江商务区打造“零碳未来城”，推进谷城再生资源国家“城市矿产”示范基地建设等[73]。

2.2.2 重要能源矿产供给不足加剧生态环境污染

湖北省重要能源矿产供给不足，能源资源消费对外依赖性强，煤炭、石油等能源产品供给主要依靠从外省调入。以2014年为例，湖北省煤炭生产量为1 057万吨，而消费量达到11 888万吨，本省生产煤炭仅占消费量的8.89%，而石油则更为严峻，2014年生产量为79万吨，消费量则达到1 290.87万吨，本省生产占比仅为6.12%（如图2－3所示）。据湖北省能源发展战略规划预测，到2020年湖北省原煤消费量将达到1.7亿吨，对外依存度将达到91.56%。

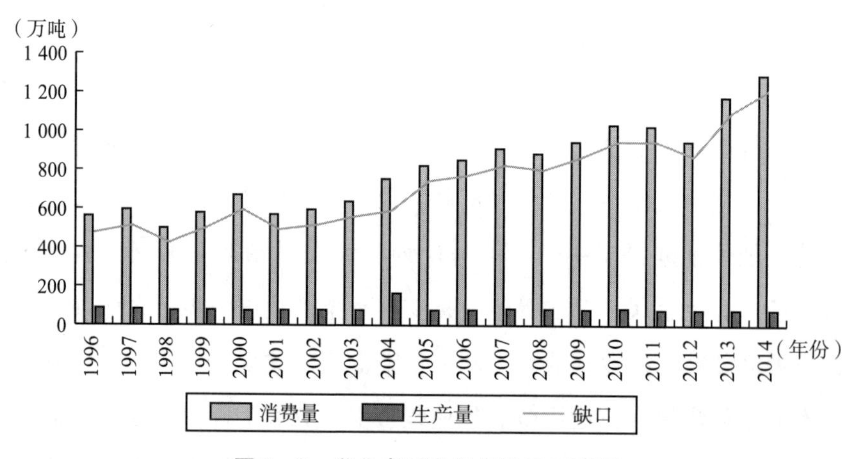

图2－3　湖北省原油供需缺口示意图

资料来源：国家统计局。

湖北省经济发展主要依靠大量投入，特别是能源的巨量投入实现的；先天贫乏的资源能源条件，加之高耗能行业的能源投入占比明显大于产出占比，产品单耗水平偏高，污染物排放居高不下，进一步加剧了湖北省生态环境的脆弱局面，形势不容乐观。随着城市化步伐的加快和监管的相对滞后，环境脆弱问题仍比较突出：一是水环境问题突出，湖泊大量被填埋，地表水污染严重。以“百湖之市”著称的武汉，目前仅存38个城中湖，且这些湖泊的富营养化问题较为突出。二是部分城市空气污染仍然严重，重点城市未达到空气质量二级标准的城市比例较高，城市空气质量优良天数提升程度较低。三是农村环境问题日益突出，生活污染加剧，面源污染加重，工矿污染凸显，饮水安全存在隐患，农村环境呈现出“小污易成大污、大污已成大害”的局面。

改变这种局面，就必须加大力度推进生态文明建设，突破现有的资源环境压力，调整生态环境的状态，以积极的政策响应来加强生态治理和环境保护。

2.2.3 资源节约和环保技术水平仍然不高

湖北省是科技大省，但与沿海发达地区相比，科研成果数量及科研成果转化情况还有一定的距离，高新技术产业占国民经济的比重依然偏低，资源节约和环保技术水平还不高，制约了湖北生态文明的构建。主要体现在以下几个方面：一是技术创新意识有待提高。部分企业决策者缺乏创新的内在动力，对技术创新重视不够，企业用于新产品、新技术、新工艺的开发经费普遍不足；一些地方和部门对技术进步和技术创新重视不够，对基层和企业创新工作缺乏热情。二是企业技术中心建设缓慢，创新能力欠缺。湖北大中型企业科技机构总数在全国排名第15位，其中国家认定的技术中心13家，占全国总数的4%，远落后于上海、山东、江苏等省市，同时缺乏创新能力。三是科研人员数量、结构及研发投入不足。很多基础性和普遍性的生产技术问题未能得到及时的解决，制约了技术创新的速度和进程。以部门和行业为核心的隶属关系造成的条块分割，给科技系统结构优化组合设置了障碍，使科研单位与企业一体化遇到体制困难。研发投入水平偏低。远低于国际上认为有竞争力的8%的水平；与国内一些企业，如海尔、华为、中兴通讯等相比，也有很大差距。

技术创新不仅是构建生态文明的强大武器，也是经济持久繁荣的不竭动力。面对新的机遇和挑战，世界主要国家都在抢占科技发展的制高点。我们必须因势利导，奋起直追，在世界新科技革命的浪潮中走在前面，坚持技术创新优先原则，推动我国生态文明建设尽快走上创新驱动、内生增长的轨道。要用科技的力量推动经济发展方式转变。大力发展战略性新兴产业，要把新能源、新材料、节能环保、生物医药等作为重点，选择其中若干重点领域作为突破口，使战略性新兴产业尽快成为国民经济的先导产业和支柱产业。在能源资源方面，利用新技术降低消耗，提高能源资源利用效率，节约资源和保护生态环境，增强资源与生态环境对经济社会发展的持续支撑能力，促进经济社会发展并实现人与自然的和谐，实现人类的可持续发展。

在这方面，湖北省应坚持科技引领，不断提升自主创新能力，推动湖北省经济发展走上创新驱动轨道。强化东湖国家自主创新示范区的聚集、辐射和带动作用，加快推进光谷生物城、未来科技城、节能环保产业园、地球空间信息产业基地等创新型产业集群，推进一批重大产业项目落户。支持孝感、荆门争创国家高新区，促进创新产业、创新企业、创新平台向高新区集聚。强化企业自主创新主体地位，鼓励和引导企业加大研发投入，加强企业技术中心、工程中心和重点实验室建设，扎实推进创新型企业试点。支持企业与高校、科研院所、中介服务、金融机构形成“技术创新战略联盟”，构建多元化技术创新服务体系，促进科技成果转化。大力推进人才强省战略，继续实施知识产权战略和《全民科学素质行动计划纲要》；加快培养造就创新创业型领军人才，大力引进开发急需紧缺专门人才；进一步优化人才发展环境，对高端、特殊人才实行特殊政策措施。

2.3 湖北省生态文明建设要点

在综合分析湖北省生态文明建设面临的机遇和挑战的形势下，本节对湖北省生态文明建设评价重点展开研究。

2.3.1 缓解资源环境约束压力

由于湖北省长期以来产业结构未能得到根本性调整，对资源环境造成了巨大的损耗，对湖北省经济社会发展产生了较大的约束和限制，也成为了湖北省生态文明建设的短板。在此方面，要加强对资源环境的高效利用，缓解经济社会发展面临的压力。

（1）人口城镇化带来的资源压力。2016 年，湖北省城镇化率达到 58.1%，城镇化率近年来年均提升 1.43%，较快的人口涌入城市，导致城市人口密度增加，随之而来的是各种资源的消耗量快速增长，土地、水资源逐渐成为了城市经济社会发展的约束，也制约了生态文明建设的快速推进。因此，湖北省生态文明建设需要加大对农业转移人口市民化的支持力度，并提高土地、水等资源的利用效率。譬如，统筹城乡一体化发展，完善城镇环境基础设施，提升城镇绿色化建设水平，推进农村环境综合整治。建设“一主两副、两纵两横”为主体的城镇体系，加快推进城乡一体化进程。

（2）经济增长的压力。湖北省近年来国民经济发展迅猛，经济总量已跃居全国第八。高速的经济发展为生态文明建设提供了良好的物质基础，但也因此带来不可避免的资源消耗和生态环境的破坏。如何平衡经济发展与环境保护成为了生态文明建设的重点之一。譬如，以建设长江和汉江两条生态经济带为重点，着力推进省域产业结构升级和绿色转型，打造一批节能节水节地、循环绿色高效的“两型”产业。

(3) 资源环境消耗。过快的人口城镇化和高速的经济发展不仅仅是对资源总量和环境容量的冲击。湖北省现有的产业结构和资源能源的短缺，使得湖北省资源环境问题更加突出，如何提高资源能源利用效率、降低经济发展排放强度成为生态文明建设重点之一。譬如，强化科技创新驱动，深化产业结构调整和优化，全面推进节能减排，提高资源产出效率，大力培育节能环保产业。

2.3.2　建设良好生态环境

湖北省面临的生态环境问题不容小觑，各地区生态资源禀赋和环境健康状态是湖北省生态文明建设的重要方面之一。

生态资源禀赋是决定湖北省生态文明建设的基础。水是湖北率先在全国建成“环境友好型、资源节约型”社会的基础性战略资源，要努力把“水文章”做大、做深、做实。要坚持保护优先，确定水资源与水环境红线，强化河湖形态保护，努力实现河湖水域不萎缩、功能不衰减、生态不恶化，打造湖北“千湖之省”生态品牌。按照水源涵养功能、洪水调蓄功能、生物多样性保护功能、水土保持功能等不同功能保护需求，采取分类管理的措施，开展重点生态功能区保护与管理，积极构建湖北省生态屏障，重点是构建“两圈两带”和三大城市群的城市森林、湿地和绿化带，具体落实到各市州和城市群发展规划，维护湖北省域生态安全。

针对面临的严峻环境污染形势，要加强污染治理能力。实施大气污染联防联控，开展土壤污染治理与修复，加强环境风险防范，强化环境健康管理。综合治理大气污染和水污染，地市（州）制定并全面实施空气质量达标规划；实施武汉城市圈、宜荆荆城市群、襄十随城市群区域大气污染联防联控，在丹江口库区、三峡库区实施最严格的环境管理制度，确保水环境质量稳定达标。

2.3.3 深化生态文明体制改革

首先，针对湖北省产业结构还不够优化，要加快产业优化升级，促进产业高度化、合理化发展。以建设长江和汉江两条生态经济带为重点，着力推进省域产业结构升级和绿色转型，打造一批节能节水节地、循环绿色高效的“两型”产业。强化科技创新驱动，深化产业结构调整和优化，全面推进节能减排，提高资源产出效率，大力培育节能环保产业。加大淘汰电力、钢铁行业以及化肥、电解铝、铁合金、水泥等行业落后产能的力度。

其次，加快生态文明制度建设。目前，湖北省关于生态文明建设方面的法律制度体系尚不健全，缺乏操作性强的生态环境监督管理条例，生态环境监督管理的职责、定位和分工尚未完全明晰，权利和责任产生了脱节，因而要加快湖北省生态文明制度方面的建设，以制度建设保障生态文明建设的顺利推进。

再次，要加强资源节约和环境保护的技术进步。技术创新与进步在人类文明演变过程中发挥了不可替代的作用。技术创新是形成生产力的直接因素，但技术创新需要一系列的诱导机制，这些诱导力量主要来自制度创新。生态文明建设要实现以更少的资源能源消耗支撑生产和生活，就势必要加强节能减排、污水处理、循环经济、新能源开发和利用等方面的技术进步。

最后，要加强政策响应力度，继续深化生态文明体制改革。加强生态环保政策和法律法规的宣传力度，以绿色创建行动为抓手，让广大人民群众在实践参与中得到教育、得到实惠。支持人民群众参与生态环保工作，及时解决人民群众反映的生态环境问题。

2.4 本章小结

本章试图从湖北省生态文明建设面临的机遇和挑战入手，剖析湖北省生态文明建设的重点和要点。首先，本章分析了湖北省生态文明建设面临着的战略机遇，现有的国家层面的政策和湖北省自身的战略规划对湖北省加快生态文明建设和提升区域生态文明建设有着重要的理论基础和政策基础。其次，对湖北省生态文明建设面临的挑战进行分析，得出湖北省产业结构优化程度不够、资源能源禀赋不足和科技创新水平整体不强等结论。在此基础上，对湖北省生态文明建设的重点进行分析，为后文湖北省生态文明评价指标体系的构建和实证打下基础。

第 3 章 基于 PSR 模型的湖北省生态文明评价指标体系构建

科学有效地评价湖北省生态文明发展水平，对关键指标进行预警，这是湖北省生态文明实践指导和理论探索的重要问题。本章在前文对湖北省生态文明建设面临的机遇和挑战分析的基础上，构建科学的湖北省生态文明指标体系。具体针对湖北省生态文明建设的重点，引入 PSR 模型，阐述 PSR 模型应用于湖北省生态文明建设的意义和适用范围，并基于此模型，从压力、状态和响应三个维度，构建湖北省生态文明评价指标体系。

3.1 PSR 模型应用于生态文明建设评价的意义

PSR 模型，即压力—状态—响应（pressure-state-response）模型，最初是在 1979 年由安东尼·弗里德和大卫·拉波特（Anthony Friend & David Rapport）提出的，用于分析环境压力、现状与响应之间的关系。20 世纪

80 年代末，联合国环境规划署（UNEP）与国际经济合作与发展组织（OECD）对其进行了修改，并用于环境报告。自 90 年代以来，国内外学者对 PSR 模型的适用性及评价体系进行了诸多研究，认为 PSR 模型从人类与生态环境系统的相互作用与影响出发，对生态环境指标进行组织分类，具有较强的系统性，是用于环境指标组织和环境现状汇报最有效的框架。目前 PSR 模型已被广泛应用于多种学科，如区域、环境、土地利用、湿地保护的可持续发展评价，生态安全分析与评价，交通安全管理等方面[74~78]。

PSR 模型通过采取“原因—效应—响应”的逻辑思维来描述人类与生态环境之间的相互作用关系，运用 3 组不同但相互联系的指标类型来表述环境问题，即：反映人类活动给生态环境造成的负荷的压力指标，是环境问题产生的“原因”，用于描述与之相关的一些内容，压力通过改变生产和消费的惯有形式，进而带来相应的环境状态的改变，压力因素能够很好地揭示出导致环境变化的各种直接因素；表征生态环境质量、自然资源与生态系统状况的状态指标，用于描述特定时空内的物理、生物及其化学现象，及环境状态的诸多改变对整个生态系统会产生怎样的影响，并最终对人类社会产生怎样的影响；表征人类面临生态环境问题所采取的对策与措施的响应指标，体现社会为保护环境、治理污染所做的努力，主要用来说明政府、组织和个人为了防止问题的发生而采取的相应对策。其应用 PSR 模型的思路如图 3－1 所示。

由图可见，PSR 概念模型各部分之间存在着一定的因果关系，涵盖了人类社会的各种活动及其所处的环境系统。当人类实践活动对周边的系统造成了一定的压力（P），环境系统自身的状态（S）就会随之发生一系列的变化，这些变化既有良性的，也有恶性的，而正是其中的恶性变化会促使人类对环境的种种“不适”做出响应（R），目的是恢复系统安全，避免无可挽回的后果。

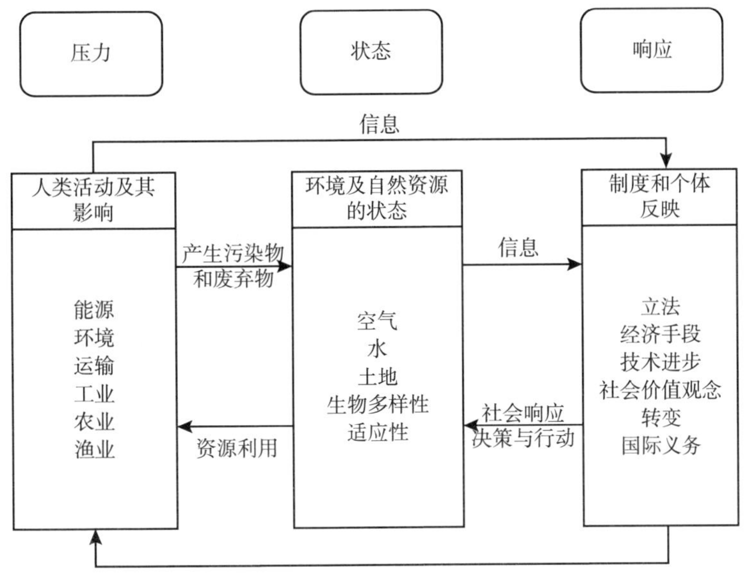

图 3－1 PSR 模型框架

可以说，PSR 概念模型适用于对复杂系统的某一动态、变化的属性进行评价，具有系统性、整体性的特点，并有效地整合了资源、经济、政策、制度等方面的因素。生态文明作为中国共产党“五位一体”战略的重要内容，实施生态文明战略主要包括三个层面的含义：一是我国社会经济快速发展过程中的资源环境代价过大，如果不加以干预，我国资源安全、能源安全、环境安全和生态安全难以保障，最终影响到经济安全、国防安全和社会安全；二是我国生态环境问题已经十分严峻，已经影响到生态系统的健康和居民的身体健康，是制约当前社会可持续发展的决定因素；三是相对于其他生态环境管理政策，生态文明政策更为系统和明确，更能促进生态环境管理和资源管理政策的科学化和高效化[79]。由此可见，生态文明建设是基于当前资源压力、能源压力、环境压力和生态压力，针对不断恶化的生态环境健康状态做出的旨在实现优化国土空间布局、资源节约和环境保护的重要措施，是一个基于“压力—状态—响应”的系统进步过程。

因此，可以用PSR框架对湖北省生态文明建设水平进行评价，并且将可持续发展的思想灌输到整个过程当中，这对于湖北省全面推进生态文明建设，具有非常重要的现实意义：

首先，生态文明建设评价是一个非常复杂的过程，涉及诸多领域的内容，其中涉及评价对象主要问题的基本特征、各评价对象的经济社会发展程度、各评价对象不同产业结构和不同区位等多方面的因素，并且最终的分析结果还要与相应的政策相衔接，最终达到促进评价对象生态文明建设的目的。因此，基于PSR模型分析研究可以整合多方面的因素，较为全面地进行生态文明评价，分析生态文明建设过程产生的问题及其改善的途径和手段，解释湖北省生态文明建设水平是否处于不断向好的状态，为加快生态文明建设提供决策依据。

其次，PSR模型具有很强的动态性和灵活性，目前湖北省处于经济高速发展的阶段，社会、经济等各方面的因素对生态文明建设造成的影响是相当复杂的，这就要求评价的体系必须具有可调整性。同时，湖北省生态文明建设的基本状况是随着时间变动，具有很强的动态性，使用PSR模型，能够发现和把握生态文明建设在空间上分布和时间上演进中的变化规律，更加确切地说明存在的问题。

最后，在PSR模型中，压力、状态和响应三方面指标能够非常全面地反映湖北省生态文明建设中遇到的各种问题，基于该模型的分析，有利于湖北省生态文明建设评价过程的全面性，避免片面性。为各个职能部门决策者更及时地掌握生态文明建设的状态、科学制定相关的政策法规提供有力的事实依据。

通过上述分析，可以明确湖北省生态文明建设评价的PSR机理研究的核心是生态文明建设的动因和内在机制，解释国土空间优化布局、资源能源利用、生态环境保护和生态制度建设等因素对生态文明建设的影响过程，以及各个组织和部门据此所做出的积极响应（如图3－2所示）。

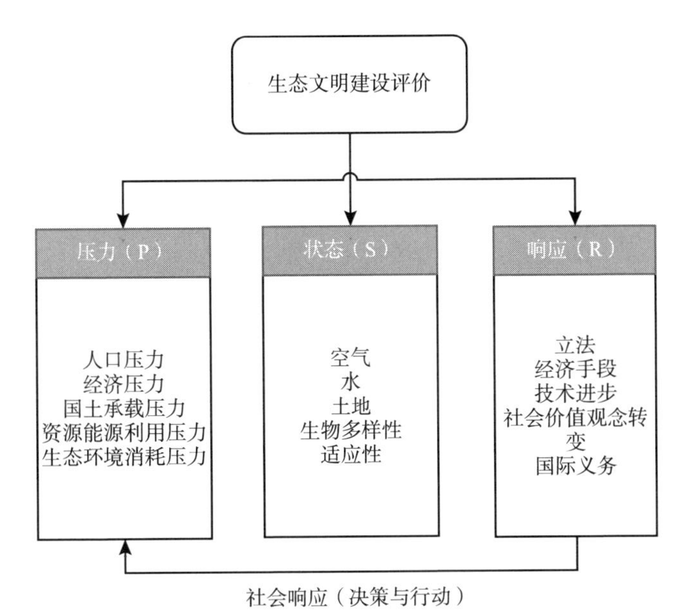

图3－2 基于 PSR 模型的湖北省生态文明建设评价框架

3.2 生态文明评价指标选取的原则

选取生态文明评价指标，首先是对现有指标进行分类和归纳，在此基础上，划定适宜性较高的评价指标池，再根据评价对象的生态文明建设任务和要点，构建生态文明评价指标体系。

3.2.1 生态文明评价指标的频度分析

宏观层面上，国家和省域生态文明评价指标的频度分析主要选取的指标体系包括了由国家发改委联合统计局、环保部、水利部等多部门制定的《中国资源环境统计指标体系》、环保部编制的《生态县、生态市、生态省建设指标（修订稿）》中的生态省建设指标、国家林业局发布的《推进生态文明建设规划纲要（2013～2020年）》、水利部编制的《关于加快推进水生态文明建设工作的意见》、国务院发展研究中心编写的《生态文明建设科学评价与政府考核体系研究》、北京林业大学编写的《中国省域生态文明建设评价报告（ECI 2013）》，以及在中国知网检索到了2011年以来被引频次较高的学者团队构建的指标体系，如成金华、曾刚、高珊、李茜等。

如图3－3所示，从现有的国家和省域的评价指标体系来看，单位GDP能耗、主要污染物排放、森林覆盖率三项指标名列前茅，大部分指标体系均有此三个指标；工业固体废弃物综合利用率、自然保护区占区域国土面积的比例、工业废水达标率、污染治理投资占比等指标作为第二梯队，在每个指标体系中都有全部或部分体现。同时，一些经济指标，如人均GDP、第三产业占GDP的比例、R&D投入占比、农民年人均纯收入等，有较多的出现。从现有的指标体系来看，资源能源利用效率、生态环境保护水平这一类的指标较多。

微观层面上，城市和县域生态文明评价指标的频度分析主要选取的指标体系包括了由环保部编制的《生态县、生态市、生态省建设指标（修订稿）》中的生态市、生态县建设指标，住建部编制的《国家园林城市标准》和《宜居城市科学评价标准》，贵阳市的《生态文明城市指标体系》，厦门市的《生态文明建设城镇指标体系》，长株潭城市群生态文明评价指标体系，以及在中国知网搜索到的我国学者2011年以来的城市生态文明评价指标体系，如成金华、张欢、林震、秦伟山、钱敏蕾等。

图 3-3 国家和省域生态文明评价指标频度分析

如图 3-4 所示，现有的城市和县域生态文明评价指标体系中，单位 GDP 能耗、城市垃圾无害化处理率、空气质量、森林覆盖率四项指标出现频率较高；主要污染物控制强度、公众绿色出行率、公众环境满意率位居第二梯队。其中，人均 GDP 的出现频率仍然高达 54.55%，其他经济指标，如城镇居民可支配收入、R&D 投入占比等也有较高的出现频率。

图3－4　城市和县域生态文明评价指标频度分析

综上所述，指标体系包括约束性和参考性两类（见表3－1），主要可分为经济发展、社会进步和环境保护三大层面。其中，生态省指标侧重考察环保产业比重、物种多样性及流域水质等中观层面因素，生态市指标突出清洁生产与绿色消费，生态县指标更加关注农村环境保护。

表 3-1 高频指标

评价层面	约束性指标	参考性指标
国土空间优化	工业用地产出率（单位土地产出值）	人口密度 （城市）人均公共绿地面积 建成区绿化面积
资源能源节约	万元 GDP 能耗 单位 GDP 水耗 工业（农业）固体废弃物综合利用率 城市垃圾无害化处理率	公众绿色出行率 人均预期寿命 人均生活用水量 可再生资源占能源消费的比重
生态环境保护	生活污水集中处理率 城镇污水处理率 主要污染物排放强度（COD、SO_2） 饮用水水质达标率 工业废水达标率 森林覆盖率 湿地覆盖率	污染治理投资占 GDP 比例 自然保护区面积占辖区面积比例 空气质量优良率（API 指数优良天数）
生态制度建设		生态知识宣传教育普及率 公众环境满意率

3.2.2 生态文明评价指标的选取原则

结合我国生态文明建设的战略规划，生态文明建设是基于当前资源压力、能源压力、环境压力和生态压力，针对不断恶化的生态环境健康状态做出的旨在实现优化国土空间、资源能源节约和生态环境保护的重要措施，是一个基于“压力—状态—响应”的系统进步过程。从生态文明建设的整个过程来看，从规划到实施、监测以及最后的评价，政府作为整个过程的参与主体，上级政府对下级政府进行评价是生态文明建设的重要过程（见图 3-5）。

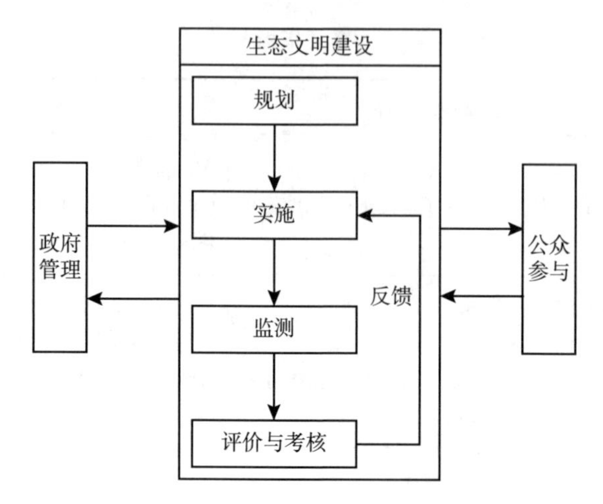

图 3－5　生态文明建设系统流程

综合考虑生态文明评价的基本内涵以及评价对象，进行差异化生态文明评价时，应当遵守以下几点原则：

1. 关键指标选取

根据对以往的指标体系进行频度分析，结果表明国内专家和学者关于生态文明评价的指标选取有较多的共同认识，比如 GDP 能耗、主要污染物排放、森林覆盖率等指标基本上每个指标体系中均会出现。同时，各个指标体系中也有自己的亮点与特色指标，如国务院发展研究中心的生态文明建设评价指标体系中的资源、环境信息公开率、生物多样性等指标。因此，本书在选取指标时，充分学习和研究了以往专家学者的研究成果，对生态文明评价指标进行频度分析，将以往指标体系中出现的高频指标和《绿色发展指标体系》作为本书生态文明评价时选取指标的重要依据。

2. 科学性与客观性

湖北省生态文明评价指标体系从单个指标的选取、计算和分析，到基本指标体系的构建，这些都应该在对湖北省生态文明建设面临的形势和生态文明建设重点广泛调研、深入分析的基础上，才能科学构建指标体系，合理评价生态文明建设水平，为区域导向性的政策建议提供可信的参考。

科学性在一定程度上保障了客观性，即省域生态文明评价基本指标体系的构建均不能仅仅依靠主观判断，要尽可能地依托客观实际情况，如指标的权重等不能主观臆断，而要选用客观合理的方法进行确定。

3. 权威性与典型性

在我国全面小康社会的决胜阶段，生态文明建设意义重大；要建设生态文明，必须找准生态文明建设的切入点，必须对生态文明建设进程进行科学、客观的评价，这些对湖北省生态文明建设的决策具有重要的参考意义，故应保证评价指标具有权威性。权威性要求指标应尽量使用官方权威部口统计和发布的指标，指标数据应尽量使用统计口径一致的数据。如果数据存在小部分缺失，也应使用官方权威数据运用数学方法进行推算。

湖北省生态文明评价指标体系应尽量由具有典型性的指标构成，这些指标应具有较强的独立性。指标体系应尽量反映生态文明建设的方方面面，同时应做到尽量简洁，不能贪大求全，盲目堆砌过多指标。太多的指标也容易造成数据收集和整理难度加大、分析中出错的概率高、时间序列容易缺失等操作性问题。

4. 指标数据的可操作性

本书在进行指标频度分析时发现，现有的生态文明评价指标体系的实证研究对象主要集中在省域和城市。县域生态文明评价的实证研究较少，主要原因在于县域指标的数据统计资料少。由于我国生态文明评价仍然处于探索阶段，与其相配套的统计监测体系仍不完善，部分十分科学的指标难以找到相关数据。在进行指标体系设计时，考虑了部分暂时无数据的指标，为了指标体系的科学性和完善性，将其暂时放入评价指标体系中，由于数据缺失，暂时无法对其做出实证评价，待后续研究补充和完善。

3.3　基于PSR模型的湖北省生态文明评价指标体系的构建

按照“压力—状态—响应”模型框架，在生态文明的视角下，本节认为城市生态文明建设的压力系统、状态系统和响应系统的主要方面是：

压力系统：人口压力、经济压力、国土承载压力和资源环境消耗压力是刻画生态系统压力的主要内容，这也是生态文明建设的压力方面。湖北省正处于工业化和城镇化中后期阶段，人口多，且分布不均，较高的人口密度和增长率会增加对生态环境的压力，社会投资的持续增长也是资源环境压力的内因之一，保持较高的人均GDP水平不仅可以缓解地区经济增长发展诉求对资源环境资源的消耗压力，也是保持较高污染投入和发展生态经济的经济基础。此外，湖北省大部分城市普遍存在由于国土空间布局不合理导致的交通拥堵、空气恶劣、中心城区人口规模过大、生态资源匮乏等“城市病”问题。由于政治、经济、文化等资源的分布不均，产城融合、职住同城建设的滞后，居民的出行半径仍然偏大，这增大了城市交通压力。因此，考虑在国土空间承载压力方面，选取建成区面积比重、单位建成区面积二三产业增加值和城区人均道路面积等指标。由于能源、水资源和“三废排放”具有跨区移动的特征，如果一个城市的单位GDP能耗、单位GDP用水量、单位GDP固体废弃物排放量等资源环境消耗强度指标过大，则表明该城市不属于资源节约和环境友好发展模式，需要降低资源环境消耗强度。调整一次能源的消费结构是有效缓解资源能源消耗强度的手段，因而，清洁能源消费占比和燃气普及率也是生态文明建设评价重点之一。

状态系统：生态系统健康主要表现在生态资源禀赋较高、城区环境健康、自然灾害损害较小等方面，这也是生态文明建设较好的主要表现状态。绿地和湿地是生态资源两大最主要表现方式，绿地资源和水资源保育水平在很大程度上能表明该地区的生态禀赋状态。其中，森林覆盖率和建城区绿化率是刻画绿地资源禀赋的主要指标，湿地覆盖率和水资源的净化倍数分别揭示了水资源的总量和质量的指标。对于城区而言，空气污染和噪声污染是城市生态污染的重要指标，其中，空气污染主要是环境空气二氧化硫含量和环境空气固体颗粒物含量。一旦城市空气质量下降，随之而来的则是公众幸福感的降低，对相关政府部门产生抱怨甚至质疑，降低社会公众对城市生态文明建设的成效认同度，因而空气质量优良天数也是重要考察对象之一。

响应系统：生态环境管理主要表现在经济高度化、生态环境的保护与投入、面源污染治理和制度响应等方面，这也是生态文明发展的主要行动措施。经济高度化表现方式有很多，在我国目前工业化中后期阶段，经济高度化主要变为工业高度化，工业高度化的主要目标是提高工业利润水平，高新技术产业的发展也将极大地促进经济高度化。此外，保持较高的科研经费占 GDP 的比重，也是一个地区实施高度化的必要措施和重要内容。要实施生态环境管理，一方面需要加大生态环境保护与投入，这主要表现在加强政策响应和环境污染治理投入。随着经济的发展，人们对于环境的需求量远远高于环境的供给量，可能面临更多的环境诉求，故在生态环境保护方面设置环境事件来访处理率来评价对环境事件的处理水平。生态文明建设需要社会成员充分的行为参与，以自身行动践行生态文明。在这个过程中，要努力提高公众的生态意识，鼓励低碳环保的生产、生活方式，因而设置绿色出行率一项用以考察相关表现。另一方面，需要提高面源污染的治理水平，这主要是提高工业固体废弃物综合利用率、用水重复利用率、城市污水处理率和生活垃圾无害化处理率等方面[80]。制度响应方面，2016年，中共中央办公厅、国务院办公厅印发了《关于全面推行河长制的意见》，指出保护江河湖泊，事关人民群众福祉，事关中华民族长远发展，全面推行河长制也是合理利用水资源、加快江河湖泊治理的重要举措。因此，选择河长制是否全面推行作为制度响应的具体指标。

在上述压力系统、状态系统和响应系统分析的基础上，按照科学性、典型性、可操作性等原则，基于PSR模型框架，本节构建了包括生态系统压力、生态系统健康状态和生态环境响应水平三个子系统、30个评价指标的城市生态文明评价指标体系（见表3－2）。

表3－2　基于PSR模型的城市生态文明评价基础指标体系

要素层	指标层	编号	计算方法	指标属性	说明
压力系统 X1	城区人口密度	X11	年末城镇常住人口/建成区面积	逆指标	人口压力
	人均 GDP	X12	统计指标	正指标	经济压力
	单位社会固定资产投资拉动 GDP 增长系数	X13	GDP 增加量/社会固定资产投资增加量	正指标	
	建成区面积比重	X14	建成区面积/城区面积	逆指标	国土承载压力
	单位建成区面积二三产业增加值	X15	二三产业增加值/建成区面积	正指标	
	城区人均道路面积	X16	统计指标	正指标	
	单位 GDP 能耗	X17	统计指标	逆指标	资源环境消耗压力
	单位 GDP 水耗	X18	统计指标	逆指标	
	单位 GDP 固废排放量	X19	固废排放量/GDP	逆指标	
	清洁能源消费占比	X110	统计指标	正指标	
	燃气普及率	X111	统计指标	正指标	

续表

要素层	指标层	编号	计算方法	指标属性	说明
状态系统 X2	森林覆盖率	X21	统计指标	正指标	生态禀赋状态
	建成区绿化率	X22	统计指标	正指标	
	湿地覆盖率	X23	统计指标	正指标	
	城区环境空气二氧化硫含量	X24	统计指标	逆指标	城区环境健康状态
	城区环境空气 PM10 含量	X25	统计指标	逆指标	
	城区环境噪声平均值	X26	统计指标	逆指标	
	空气质量优良天数	X27	统计指标	正指标	
响应系统 X3	R&D 经费占 GDP 比重	X31	统计指标	正指标	经济高度化
	工业成本费用利润率	X32	统计指标	正指标	
	高新技术产业增加值占 GDP 比重	X33	统计指标	正指标	
	环境事件来访处理率	X34	统计指标	正指标	政策响应
	绿色出行率	X35	—	正指标	
	河长制	X36	—	正指标	
	工业固体废弃物综合利用率	X37	统计指标	正指标	污染治理能力
	水功能区水质达标率	X38	统计指标	正指标	
	工业粉尘去除率	X39	统计指标	正指标	
	工业废水排放达标率	X310	统计指标	正指标	
	城市生活污水集中处理率	X311	统计指标	正指标	
	城市生活垃圾无害化处理率	X312	统计指标	正指标	

指标来源及解释：为了指标能科学客观地刻画生态文明建设水平，本指标体系中所选取的指标主要参考《国家生态文明建设试点示范区指标》和《绿色发展指标体系》。

1. 城区人口密度

人口密度是单位面积土地上居住的人口数，人口密度常常与当地的经济发达程度成正比，越发达的地区越能够吸引外来的务工人员，从而形成较大的人口密度，人口密度增大会引起一些生态问题，直接扰乱甚至破坏当地的生态系统，因此人口密度与省市生态文明建设息息相关。

计算公式：$城市人口密度=\frac{城市人口}{城区面积}\times 100\%$①

2. 人均 GDP

人均 GDP 指一个国家或地区核算期内（通常是一年）实现的国内生产总值与这个国家的常住人口（或户籍人口）的比值。

计算公式：$人均国内生产总值=\frac{GDP}{总人口}\times 100\%$②

3. 单位社会固定资产投资拉动 GDP 增长系数

单位社会固定资产投资拉动 GDP 增长系数是指每年投入的固定资产对 GDP 的拉动水平，反映固定资产的投资效率。

计算公式：$K_i=\frac{GDP_i-GDP_{i-1}}{I_i-I_{i-1}}\times 100\%$③

式中，K 表示单位社会固定资产投资拉动 GDP 增长系数，i 表示第 i 年，GDP 表示国内生产总值，I 表示全社会固定资产投资总额。单位社会固定资产投资拉动 GDP 增长系数越高，表明固定资产投资效率

① 人口总量和辖区总面积均取自《湖北统计年鉴》。

② 《中国统计年鉴》。

③ 《中国城市统计年鉴》。

越高。

4. 建成区面积比重

建成区面积占辖区面积比重指城市建成区的面积与辖区面积的比值，该指标在一定程度上可以反映城市的开发程度。

计算公式：$建成区面积占辖区面积比重 = \frac{建成区面积}{辖区面积} \times 100\%$ ①

5. 单位建成区面积二、三产业增加值

地区生产总值是指城市所有常住单位按市场价格计算的在一定时期内生产活动的最终成果。单位建成区面积二、三产业 GDP 是指该城市建成区所有常住单位在一定时期内的第二、三产业的地区生产总值。

计算公式：单位建成区面积二、三产业 *GDP* = 第二、三产业地区生产总值/建成区面积②

6. 城区人均道路面积

城区人均道路面积是指城市中每一居民平均占有的道路面积，该指标在一定程度上能够反映城区的交通拥堵情况，人均道路面积越小，就越有可能拥堵，使通勤时间越长。

计算公式：$城区人均道路面积 = \frac{城区道路面积}{城区人口数量}$ ③

7. 单位 GDP 能耗

单位 GDP 能耗指每单位 GDP 所使用的能源资源量，反映能源资源的使用效率。

计算公式：$单位\ GDP\ 能耗 = \frac{能源资源消耗总量}{GDP}$ ④

---

① EPS 数据库、《中国城市统计年鉴》。

② 《中国城市统计年鉴》与各市统计年鉴。

③ 《中国城市统计年鉴》。

④ 《中国城市统计年鉴》、国家统计局官网。

8. 单位 GDP 水耗

单位 GDP 水耗指每单位 GDP 所使用的水资源量，反映水资源的利用效率。

计算公式：$单位\ GDP\ 水耗 = \frac{水资源消耗总量}{GDP}$①

9. 单位 GDP 固废排放量

单位 GDP 固废排放量指每单位 GDP 所排放的固体废弃物，反映固体废弃物的排放强度。

计算公式：$单位\ GDP\ 固废排放量 = \frac{固废排放量总量}{GDP}$②

10. 清洁能源消费占比

清洁能源消费占比指一定时间内该地区清洁能源能源消费量占该地区能源消费总量的比值。

计算公式：清洁能源消费占比 = 清洁能源消费量/能源消费总量 ×100%③

11. 燃气普及率

燃气普及率指使用燃气（包括人工煤气、液化石油气、天然气）的城市非农业人口数（不包括临时人口和流动人口）与城市非农业人口总数之比。

计算公式：燃气普及率 = 城市用气的非农业人口数/城市非农业人口总数 ×100%④

12. 森林覆盖率

森林覆盖率指森林面积占国土面积的百分比，该指标从一定程度上反映了城乡投资环境和经济发展，对生态环境的改善、居民生活质量的提高

---

① 《中国城市统计年鉴》、各市水资源公报。

② 《中国城市统计年鉴》、各市统计年鉴。

③ 各市统计年鉴。

④ 《中国能源统计年鉴》、各市统计年鉴。

具有重要意义。

计算公式：$森林覆盖率 = \frac{森林面积}{辖区面积} \times 100\%$[①]

13. 建成区绿化率

建成区绿化率指城市建成区的绿化覆盖面积占建成区面积的百分比，绿化覆盖面积是指城市中乔木、灌木、草坪等所有植被的垂直投影面积。该指标与建成区绿地率、人均公共绿地面积共同构成衡量城市绿地建设发展的“绿化三项指标”。

计算公式：$建成区绿化率 = \frac{建成区绿化覆盖面积}{建成区面积} \times 100\%$[②]

14. 湿地覆盖率

城市湿地面积占国土面积的百分比，该指标从一定程度上反映了城乡投资环境和经济发展，对生态环境的改善、居民生活质量的提高具有重要意义。

计算公式：$湿地覆盖率 = \frac{湿地面积}{辖区面积} \times 100\%$[③]

15. 城区环境空气二氧化硫含量

城区环境空气二氧化硫含量是指空气中二氧化硫的平均浓度。[④]

16. 城区环境空气 PM10 含量

城区环境空气 PM10 含量是指空气中 PM10 的平均浓度[⑤]

17. 城区环境噪声平均值

城区环境噪声平均值是指在一定时期内城市城区内经认定的环境噪声网格监测的等效声级的算术平均值。

---

① 《中国统计年鉴》、各市统计年鉴。

② 《中国城市建设统计年鉴》《中国统计年鉴》。

③⑥ 《中国城市统计年鉴》与各市统计年鉴。

④⑤ 各市环境质量状况公报。

计算公式：$\overline{L}_{Aeq} = \frac{\sum_{i=1}^{n} L_{Aeq_i}}{n}$⑥

式中，$\overline{L}_{Aeq}$为城区环境噪声平均值；L_{Aeq_i}为第 i 个测点（网格）测得的等效声级；n 为测点（网格）总数。

18. 空气质量优良天数

空气污染指数达到二级以上的天数。其对生态文明建设水平的影响是正向的。[①]

19. R&D 经费占 GDP 比重

R&D 经费占 GDP 比重指区域内 R&D 经费在国内生产总值中所占的比重。

计算公式：$第三产业比重 = \frac{第三产业年增加值}{GDP} \times 100\%$[②]

20. 工业成本费用利润率

工业成本费用利润率指在一定时期内实现的利润与成本费用之比，是反映工业生产成本及费用投入的经济效益指标，同时也是反映降低成本的经济效益的指标；工业成本费用利润率值越高，企业效益越好。

计算公式：$工业成本费用利润率 = \frac{利润总额}{成本费用总额} \times 100\%$[③]

21. 高新技术产业增加值占 GDP 比重

高新技术产业产值占 GDP 比重指以高新技术为基础，从事一种或多种高新技术及其产品的研究、开发、生产和技术服务的产业年产值与 GDP 的比值。2008 年及以前按高新技术产业产值统计，2008 年以后没有统计高新技术产业产值，按照主营业务收入统计。

---

① 《中国环境年鉴》、各市环境质量状况公报。

② 《中国统计年鉴》、各市统计年鉴。

③ 各市年鉴、各市统计年鉴。

计算公式：$高新技术产业产值占\,GDP\,比重=\frac{高新技术产业年产值}{GDP}\times 100\%$[①]

22. 环境事件来访处理率

接到群众投诉环境污染及纠纷事件的处理程度，该指标反映环境保护政策的执行力度。

23. 绿色出行率

绿色出行率是采用对环境影响最小的出行方式占总出行方式的比例。即节约能源、提高能效、减少污染、有益于健康、兼顾效率的出行方式。

24. 河长制

全面推行河长制，是以保护水资源、防治水污染、改善水环境、修复水生态为主要任务，全面建立省、市、县、乡四级河长体系，构建责任明确、协调有序、监管严格、保护有力的河湖管理保护机制，为维护河湖健康生命、实现河湖功能永续利用提供制度保障。该指标反映地方政府是否积极全面推行河长制的落实情况。

25. 工业固体废弃物综合利用率

报告期工业固体废弃物综合利用量与工业固体废物产生量的比率。其对生态文明建设水平的影响是正向的。

计算公式：

$$工业固体废弃物综合利用率=\frac{工业固体废弃物综合利用量}{工业固体废物产生量}\times 100\%$$[②]

26. 水功能区水质达标率

水功能区水质达标率是评价区域水环境状况的重要指标，是水资源管理的重要依据，取值介于 0 和 1 之间，水质达标率越高，说明区域对维护河流生态系统健康和保障水资源可持续利用程度也越高，反之，就

---

① 各市年鉴、各市统计年鉴。

② 《中国城市统计年鉴》。

比较低①。

27. 工业粉尘去除率

指报告期内企业利用各种废气治理设施去除的粉尘量与工业粉尘排放量比率。

计算公式：工业粉尘去除率 = 工业粉尘去除量/工业粉尘排放量 ×100%②

28. 工业废水排放达标率

工业废水排放达标率是指工业废水排放达标量与工业废水排放总量的比率。其中，工业废水排放达标量是指全面达到国家与地方排放标准的外排工业废水量，既包括经处理后达标外排的工业废水量，也包括未经处理即能达标外排的工业废水量。

计算公式：工业废水排放达标率 = 工业废水排放达标量/工业废水排放总量 ×100%③

29. 城市生活污水集中处理率

指报告期内利用各种生活污水治理设施集中处理的污水与生活污水排放量比率。

计算公式：生活污水集中处理率 = 生活污水集中处理量/生活污水排放量 ×100%④

30. 城市生活垃圾无害化处理率

指报告期生活垃圾无害化处理量与生活垃圾产生量的比率。在统计上，由于生活垃圾产生量不易取得，可用清运量代替。

计算公式：生活垃圾无害化处理率 = 生活垃圾无害化处理量/生活垃圾产生量 ×100%⑤

---

① 各市环境质量状况公报、水利部“生态环境”考核指标结果。

② 《中国城市统计年鉴》与各市统计年鉴。

③④⑤ 《中国城市统计年鉴》与各市统计年鉴。

3.4 本章小结

结合生态文明评价指标体系的构建原则和第 2 章有关湖北省生态文明建设面临的形势和建设要点，本章引入“压力—状态—响应”模型进行湖北省生态文明建设评价指标体系的构建。首先，阐述了 PSR 模型应用于生态文明评价的意义，在此基础上构建了基于 PSR 模型的生态文明建设评价框架。其次，通过对生态文明评价指标的频度分析和对生态文明评价指标体系的选取原则进行剖析后，在基于 PSR 模型的生态文明建设评价框架上从压力、状态和响应三个维度选取了 30 个具体指标，构建了湖北省生态文明评价指标体系。

第4章

湖北省生态文明建设水平评价测度

将第3章构建的生态文明评价指标体系引入定量分析模型，即运用组合赋权确定权重，测算湖北省生态文明指数，评价生态文明发展水平。需要说明的是，带*号的指标虽然当前数据不可获取，但仍然重要，故而列入指标体系之中，在实证研究计算中不进行计算。随着生态文明建设的持续深入，更多动态跟踪和监测的数据也会更加完善，指标也会随之更新和调整。本章主要将从湖北省13个市州的各系统得分情况和湖北省三大城市群各系统得分情况着手分析，试图找出其背后存在的规律和问题。

4.1 指标权重的计算

4.1.1 数据来源及说明

由于本章的实证评价选取湖北省作为代表，各指标数据来源为：《中国统计年鉴》（2006~2015）、《湖北省统计年鉴》（2006~2015）、湖北省各地市州统计年鉴等官方公布数据。

在数据的处理中，首先对原始数据进行最大值最小值标准化处理：

$$E''_{mn} = \frac{S_{mn} - \min(S_{mn})}{\max(S_{mn}) - \min(S_{mn})} \quad (4.1)$$

式（4.1）中，S_{mn}表示第 m 个区域的第 n 个指标的取值（$m=1, 2, \cdots, i$，$n=1, 2, \cdots, j$）。

然后再进行相应的计算。

4.1.2 常用赋权方法

本节首先对已有的文献中所使用的权重计算方法进行了频度分析，选取其中具有代表性的省域、城市以及县域生态文明评价31篇文献，结果如图4-1所示。

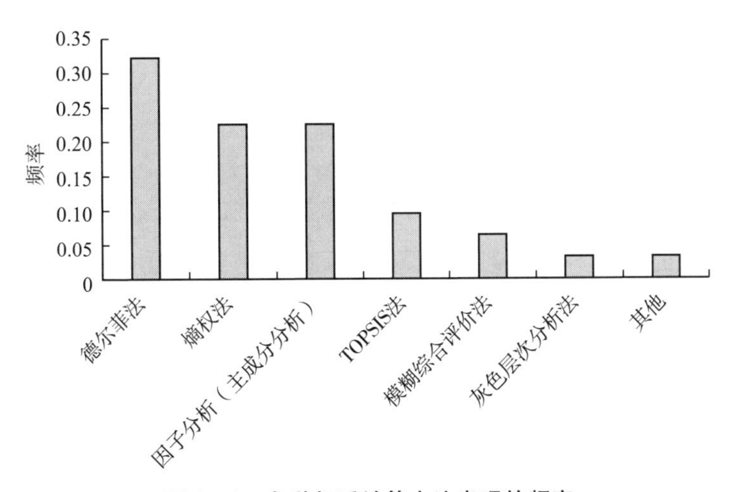

图4-1 各种权重计算方法出现的频率

资料来源：由作者整理所得。

通过上图可以发现，目前使用较多的方法是德尔菲法、熵权法和因子分析法。其中，德尔菲法通过咨询专家得到的主观权重构建方法，熵权法和因子分析则是依据数据本身计算得出的相对客观权重构建方法。结合实际情况，本节考虑到各种方法之间各有优劣，因此考虑通过组合赋权的方法进行分析。

1. 德尔菲法

德尔菲法是由调查者拟定调查表或者调查问卷，通过发放调查表或调查问卷征询专家组成员意见，调查者将专家组成员的意见相互传递给其他成员，重复几轮之后，专家组成员之间的意见分歧逐渐缩小，最后获得一致的专家组集体判断结果。德尔菲方法通常由一定数量的专家组组成，通常专家组比专家个人考虑得更加全面，可以通过信息、知识的协同使权重更加合理[81]。基本原理如下所示：

$$\bar{x} = \frac{\sum x_i f_i}{\sum f_i} \tag{4.2}$$

其中，$\bar{x}$ 表示某指标权重，x_i 表示第 i 个专家的权重，f_i 表示权重系数出现的次数。

2. 熵权法

熵值赋权法是一种根据各指标传输给决策者信息量（熵）的大小来确定各自权重的方法。在信息论中，熵值反映了信息的无序程度，某项指标的信息熵越大，提供的信息量就越小，表明其指标的变异程度就越小，在综合评价中起的作用就越小，则该指标的熵权越小，反之亦然。熵权法具有突出局部差异、避免人为影响、赋权过程透明化等特点[82]，能尽量消除各指标权重的人为干扰，使评价结果更符合客观实际。为了科学测度生态文明建设水平，我们采用熵权法利用变异系数确定权重的方式计算出生态文明建设水平的综合指数[83]。第一，对原始数据进行最大值最小值标准化处理：

$$E''_{mn}=\frac{S_{mn}-\min(S_{mn})}{\max(S_{mn})-\min(S_{mn})} \tag{4.3}$$

式（4.3）中，S_{mn}表示第 m 个区域的第 n 个指标的取值（$m=1, 2, \cdots, i$，$n=1, 2, \cdots, j$）。

第二，对标准化后的数据向右平移 1 个单位，公式为：

$$E'_{mn}=1+E''_{mn} \tag{4.4}$$

第三，计算第 m 个区域的第 n 个生态文明建设指标的比重 E_{mn}：

$$E_{mn}=\frac{E'_{mn}}{\sum_{m=1}^{i}E'_{mn}} \tag{4.5}$$

第四，计算出第 n 个生态文明建设指标的熵值 e_n 和变异系数 g_n：

$$e_n=-\frac{1}{\ln i}\sum_{m=1}^{i}E_{mn}\ln E_{mn} \tag{4.6}$$

$$g_n=1-e_n \tag{4.7}$$

第五，计算出第 n 个生态文明建设指标在综合评价中的权重：

$$W_n=\frac{g_n}{\sum_{n=1}^{j}g_n} \tag{4.8}$$

第六，计算出综合评价指数：

$$ECO_m=\sum_{n=1}^{j}W_nE_{mn} \tag{4.9}$$

其中，ECO_m 表示第 m 个区域的生态文明建设指数。ECO_m 越大，表示第 m 个区域的生态文明建设水平越高。

3. 因子方法赋权

以各指标的标准化数据为变量构建矩阵，采用 SPSS19.0 统计分析软件进行数据处理，得到矩阵的特征根和相应的方差贡献率，选择主成分并得到成分矩阵。将成分矩阵中的主成分数据除以主成分相对应的特征根的开平方根便得到每个指标所对应的系数矩阵。因为主成分是原始变量的线性组合，因此包含了绝大部分原始变量的信息，可以根据系数矩阵计算出各个指标的权重。

计算公式如下：

$$W_{ij} = \left| \sum_{q=1}^{m} g_q \alpha_{ij} \right| \tag{4.10}$$

式（4.10）中：W_{ij}为指标 x_{ij}相对于目标层未进行归一化处理时的权重；g_q 为第 q 个主成分对总体方差的贡献率；α_{ij}为指标 x_{ij}在第 q 个主成分中的系数，m 为主成分个数，一般按累计贡献率达到85%选取主成分个数。

归一化处理后即可得各评价因子的权重。

4.1.3　组合赋权法

主观赋权方法的优点是可借助专家对生态文明建设实际情况十分了解的优势，更加合理地确定各指标重要程度的排序，从而有效地确定各指标的权系数。该类方法确定的指标权重可能更加符合实际情况，并且把握了生态文明建设的重点，但主观随意性较大，权重可能会由于专家的不同而不同，通常我们会采取诸如增加专家数量、仔细甄选专家等措施使专家的意见尽量全面。

常用客观赋权方法是指运用一定的科学方法对原始数据进行处理，使评价指标的权系数具有绝对的客观性。这类方法的突出优点是权系数客观性强，但没有考虑到决策者的主观意愿且计算方法大都比较烦琐，在实际情况中，依据上述原理确定的权系数与指标的重要程度可能根本不相关，难以给出明确的解释。

因而，在本书的指标权重的设置中，采用组合赋权的方式，即使用德尔菲法和熵值法分别确定主观权重和客观权重，再进行组合赋权。具体思路如下，综合指标的主观权重 w_{1i}和客观权重 w_{2i}，可得组合权重 w_i，$i=1\sim n$。显然 w_i 与主观权重 w_{1i}和客观权重 w_{2i}都应尽可能接近，根据最小相对信息熵原理有：

$$\min F = \sum_{i=1}^{n} w_i(\ln w_i - \ln w_{1i}) + \sum_{i=1}^{n} w_i(\ln w_i - \ln w_{2i}) \tag{4.11}$$

式中 $\sum_{i=1}^{n} w_i = 1$；$w_i>0$，$i=1, 2, \cdots, n$；w_{1i}表示第 i 个指标的德尔菲法计算的权重，w_{2i}表示第 i 个指标的熵权法计算的权重，n 为指标的总个数。

用拉格朗日乘子法解上述优化问题得：

$$w_i = \frac{(w_{1i}w_{2i})^{0.5}}{\sum_{i=1}^{n}(w_{1i}w_{2i})^{0.5}} \quad i=1, 2, \cdots, n \tag{4.12}$$

根据优化算法，结合前人研究发现，在满足上述条件的所有组合权重中，当我们取几何平均数时所需要的信息量最少。

按照上述方法进行数据的处理和计算得出各项指标权重见表4-1。

表4-1　2006~2015年大城市生态文明评价指标体系权重值

指标	2006年	2007年	2008年	2009年	2010年	2011年	2012年	2013年	2014年	2015年
X11	0.0327	0.0314	0.0304	0.0299	0.0309	0.0309	0.0298	0.0303	0.0316	0.0313
X12	0.0417	0.0402	0.0397	0.0390	0.0396	0.0408	0.0393	0.0386	0.0414	0.0389
X13	0.0366	0.0378	0.0371	0.0379	0.0375	0.0372	0.0381	0.0383	0.0378	0.0378
X14	0.0325	0.0339	0.0352	0.0342	0.0346	0.0345	0.0351	0.0337	0.0315	0.0350
X15	0.0393	0.0382	0.0372	0.0368	0.0382	0.0376	0.0366	0.0372	0.0391	0.0376
X16	0.0331	0.0307	0.0320	0.0344	0.0334	0.0313	0.0316	0.0340	0.0344	0.0337
X17	0.0312	0.0336	0.0331	0.0340	0.0312	0.0330	0.0341	0.0344	0.0302	0.0316
X18	0.0319	0.0330	0.0354	0.0352	0.0342	0.0336	0.0354	0.0348	0.0317	0.0336

续表

指标	2006 年	2007 年	2008 年	2009 年	2010 年	2011 年	2012 年	2013 年	2014 年	2015 年
*X*19	0. 0351	0. 0367	0. 0358	0. 0367	0. 0364	0. 0361	0. 0351	0. 0372	0. 0364	0. 0367
*X*110	0. 0304	0. 0322	0. 0334	0. 0322	0. 0320	0. 0328	0. 0331	0. 0318	0. 0298	0. 0323
*X*111	0. 0389	0. 0399	0. 0391	0. 0389	0. 0383	0. 0393	0. 0401	0. 0393	0. 0387	0. 0377
*X*21	0. 0310	0. 0295	0. 0312	0. 0323	0. 0321	0. 0300	0. 0312	0. 0319	0. 0323	0. 0324
*X*22	0. 0316	0. 0306	0. 0314	0. 0290	0. 0295	0. 0300	0. 0307	0. 0294	0. 0306	0. 0298
*X*23	0. 0323	0. 0305	0. 0298	0. 0308	0. 0313	0. 0310	0. 0295	0. 0303	0. 0320	0. 0307
*X*24	0. 0331	0. 0321	0. 0326	0. 0347	0. 0344	0. 0315	0. 0336	0. 0351	0. 0347	0. 0345
*X*25	0. 0349	0. 0328	0. 0322	0. 0317	0. 0329	0. 0334	0. 0322	0. 0313	0. 0339	0. 0333
*X*26	0. 0280	0. 0300	0. 0308	0. 0316	0. 0339	0. 0294	0. 0302	0. 0320	0. 0277	0. 0333
*X*27	0. 0429	0. 0439	0. 0448	0. 0431	0. 0422	0. 0445	0. 0445	0. 0427	0. 0442	0. 0422
*X*31	0. 0313	0. 0299	0. 0291	0. 0328	0. 0333	0. 0293	0. 0301	0. 0332	0. 0303	0. 0337
*X*32	0. 0321	0. 0316	0. 0296	0. 0287	0. 0291	0. 0322	0. 0296	0. 0283	0. 0319	0. 0284
*X*33	0. 0325	0. 0341	0. 0331	0. 0325	0. 0319	0. 0335	0. 0325	0. 0329	0. 0338	0. 0322
*X*34	0. 0447	0. 0423	0. 0412	0. 0422	0. 0416	0. 0428	0. 0409	0. 0418	0. 0437	0. 0418
*X*35	*	*	*	*	*	*	*	*	*	*
*X*36	*	*	*	*	*	*	*	*	*	*
*X*37	0. 0453	0. 0440	0. 0432	0. 0410	0. 0422	0. 0435	0. 0442	0. 0414	0. 0450	0. 0416
*X*38	0. 0373	0. 0396	0. 0389	0. 0392	0. 0396	0. 0390	0. 0381	0. 0396	0. 0363	0. 0399
*X*39	0. 0414	0. 0412	0. 0407	0. 0386	0. 0392	0. 0417	0. 0404	0. 0382	0. 0411	0. 0385
*X*310	0. 0400	0. 0423	0. 0454	0. 0430	0. 0407	0. 0417	0. 0464	0. 0434	0. 0412	0. 0408
*X*311	0. 0402	0. 0392	0. 0369	0. 0381	0. 0388	0. 0398	0. 0368	0. 0377	0. 0392	0. 0396
*X*312	0. 0383	0. 0388	0. 0406	0. 0415	0. 0410	0. 0394	0. 0405	0. 0411	0. 0395	0. 0413
合计	1	1	1	1	1	1	1	1	1	1

注：* 表示当前数据不可获取，在实证研究计算中不进行计算。

4.2 湖北省生态文明评价结果分析

本节选取湖北省武汉、黄石、十堰、荆州、宜昌、襄阳、鄂州、荆门、孝感、黄冈、咸宁、随州、恩施13个市州为湖北省绿色发展水平测度对象，测度周期为2006～2015年，共10年。由于湖北省仙桃市、潜江市、天门市三个省管县和神农架林区部分指标统计口径存在差别，且部分年份统计指标缺失，故暂不纳入研究。

将4.1.3中计算得出的各指标权重代入

$$ECO_m = \sum_{n=1}^{j} W_n E_{mn} \tag{4.13}$$

计算可得出生态文明评价结果，具体分析如下。

4.2.1 压力系统结果分析

2006～2015年，湖北省13个市州平均压力得分呈现出缓慢的上升趋势，其中2015年平均压力系统得分最高（0.2028），2009年平均压力系统得分最低（0.1907），相对相差约5.97%（如表4－2所示），表明近10年湖北省13个市州的压力系统得分较为稳定，压力系统的得分在缓慢上升但整体增长幅度并不大，各市州压力系统得分区域分布情况如图4－2所示。

从2006～2015年湖北省13个市州平均压力系统得分来看，武汉市平均压力系统得分最高（0.2868），咸宁市平均压力系统得分最低（0.1592），差距较为明显；单就2015年来看，湖北省13个市州的排名依次为：武汉市、随州市、宜昌市、恩施州、十堰市、襄阳市、黄冈市、

表 4－2　　2006～2015 年湖北省 13 个市州压力系统得分排名情况

市州	2006 年		2007 年		2008 年		2009 年		2010 年		2011 年		2012 年		2013 年		2014 年		2015 年		平均	
	得分	排名	得分	排名	得分	排名	得分	排名	得分	排名	得分	排名	得分	排名	得分	排名	得分	排名	得分	排名	得分	排名
武汉	0.2768	1	0.2644	1	0.2691	1	0.2617	1	0.2956	1	0.2674	1	0.2776	1	0.3048	1	0.3159	1	0.3346	1	0.2868	1
黄石	0.2014	7	0.1985	7	0.1931	7	0.1720	11	0.1709	10	0.1648	11	0.1707	12	0.1736	11	0.1763	11	0.1807	9	0.1802	9
黄冈	0.2018	6	0.2203	2	0.2060	4	0.1994	4	0.2060	4	0.2227	2	0.2116	2	0.2023	4	0.2078	6	0.1976	7	0.2076	3
咸宁	0.1486	13	0.1799	11	0.1745	11	0.1502	13	0.1451	13	0.1589	13	0.1646	13	0.1657	12	0.1505	13	0.1539	13	0.1592	13
孝感	0.1569	12	0.1677	12	0.1623	12	0.1826	8	0.1529	12	0.1622	12	0.1744	10	0.1534	13	0.1817	9	0.1773	11	0.1671	12
鄂州	0.1824	9	0.1952	8	0.1898	8	0.1819	9	0.1804	8	0.1862	7	0.1835	8	0.1855	9	0.1858	8	0.1855	8	0.1856	8
宜昌	0.2023	5	0.2136	4	0.2111	3	0.2054	3	0.2059	5	0.2090	4	0.2112	3	0.2160	2	0.2148	3	0.2184	3	0.2108	2
荆州	0.1733	10	0.1898	10	0.1844	10	0.1761	10	0.1719	9	0.1776	10	0.1777	9	0.1798	10	0.1773	10	0.1784	10	0.1786	10
荆门	0.1657	11	0.1499	13	0.1445	13	0.1609	12	0.1646	11	0.1840	8	0.1882	6	0.1856	8	0.1700	12	0.1708	12	0.1684	11
襄阳	0.1961	8	0.1907	9	0.1853	9	0.1881	7	0.1944	7	0.1942	6	0.1915	5	0.1948	7	0.1998	7	0.2001	6	0.1935	7
十堰	0.2104	3	0.2172	3	0.2118	2	0.1950	6	0.2072	3	0.2152	3	0.1845	7	0.1958	6	0.2126	4	0.2029	5	0.2053	5
随州	0.2123	2	0.2051	5	0.1997	5	0.2084	2	0.2113	2	0.1833	9	0.2017	4	0.2031	3	0.2167	2	0.2266	2	0.2068	4
恩施	0.2063	4	0.2043	6	0.1989	6	0.1972	5	0.2043	6	0.1976	5	0.1723	11	0.1979	5	0.2097	5	0.2099	4	0.1998	6
平均	0.1949	—	0.1997	—	0.1947	—	0.1907	—	0.1931	—	0.1941	—	0.1930	—	0.1968	—	0.2015	—	0.2028	—	—	—

鄂州市、黄石市、荆州市、孝感市、荆门市和咸宁市（如图4－3所示）。其中，高于湖北省平均值的有5个，低于湖北省平均值的有8个。

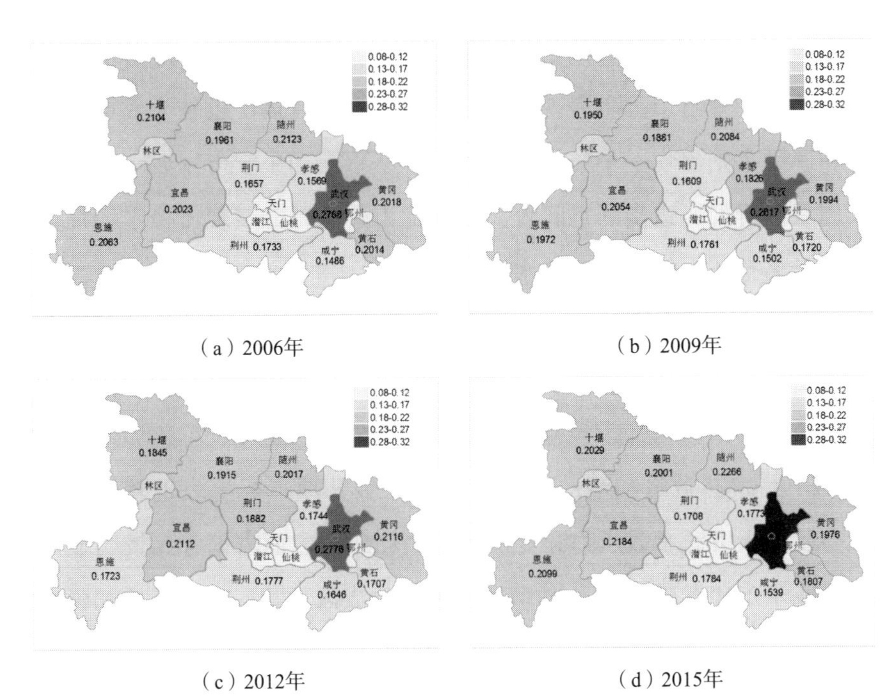

（a）2006年　（b）2009年

（c）2012年　（d）2015年

图4－2　湖北省主要年份压力系统得分示意图

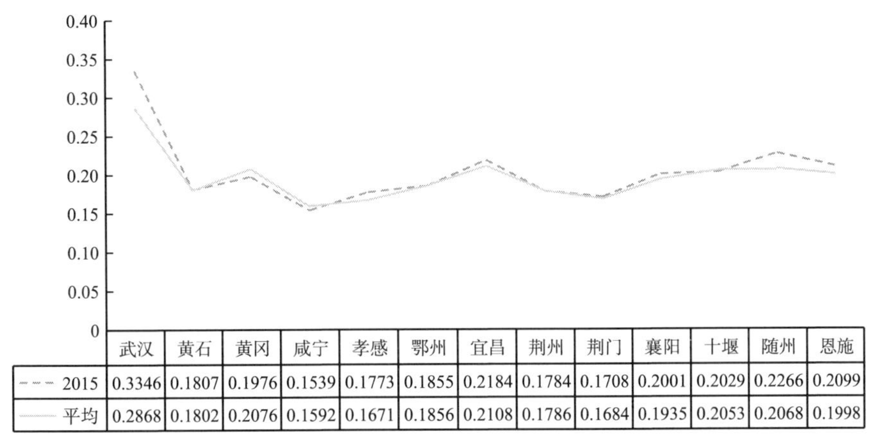

	武汉	黄石	黄冈	咸宁	孝感	鄂州	宜昌	荆州	荆门	襄阳	十堰	随州	恩施
2015	0.3346	0.1807	0.1976	0.1539	0.1773	0.1855	0.2184	0.1784	0.1708	0.2001	0.2029	0.2266	0.2099
平均	0.2868	0.1802	0.2076	0.1592	0.1671	0.1856	0.2108	0.1786	0.1684	0.1935	0.2053	0.2068	0.1998

图4－3　湖北省2006～2015年压力系统平均得分与2015年对比

结合图4－2、图4－3和表4－2来看，武汉市得分排名较为稳定，且一直位居前列，而黄石市得分排名则出现较大变化，从前三年的中游水平逐渐下滑到后六年排名倒数，2015年则又逐步回升。随州市则在2011年出现了较大的退步，但长期稳定在前列，最终其10年平均排名也处于第四位。此外，宜昌市排名表现出向上的趋势，且其名次也较为靠前，而黄冈市和襄阳市则出现了小幅的退步情况。孝感市和咸宁市排名十年间基本处于倒数的行列，进步的空间较大，其他市州的得分表现出稳定增加的态势，但排名整体上维持在固有水平。

压力系统主要考察城市人口、经济、国土承载和资源环境消耗等方面的压力。具体来看，武汉市、宜昌市和襄阳市在人均*GDP*、建成区面积比重、单位建成区面积二三产业增加值、单位*GDP*能耗、单位*GDP*水耗、单位*GDP*固废排放量和清洁能源消费占比等几项指标上表现较优，在经济压力、国土资源承载压力和资源环境消耗压力方面占据着比较明显的优势，而咸宁市和孝感市在人均*GDP*、单位建成区面积二三产业增加值、单位*GDP*能耗等几项指标上表现较差，其他几项指标得分也不突出，黄石市则主要在单位*GDP*能耗、单位*GDP*水耗、单位*GDP*固废排放量表现较差。这些具体指标反映出武汉市、宜昌市和襄阳市等在经济压力、资源环境消耗压力上表现较好，这些城市在资源环境承载力有较好的应对方法，快速的经济发展对生态文明建设的约束反而不强。在排名靠后的大城市中，虽然有经济发展水平较强的存在，但对生态文明建设形成了较大的制约，限制了该城市在压力系统方面的得分水平。其他城市的几项具体指标整体得分较为均衡，改善空间较大，有较好的发展潜力。压力系统是生态文明建设的约束表现，也决定了生态文明建设的上限，只有将这种约束加以持续的改善，才能使生态文明建设更进一步，若不能突破现有的约束条件，则生态文明建设水平始终处于较低的水平。

4.2.2　状态系统结果分析

2006～2015年，湖北省13个市州平均状态得分呈现出上下波动的态势，但总体来看有上升的趋势，其中2015年平均状态系统得分最高（0.2017），2009年平均状态系统得分最低（0.1859），相对相差约7.83%（如表4－3所示），表明近10年湖北省13个市州的状态系统得分相对较为稳定，状态系统的得分整体增长幅度较小。各市州状态系统得分区域分布情况如图4－4所示。

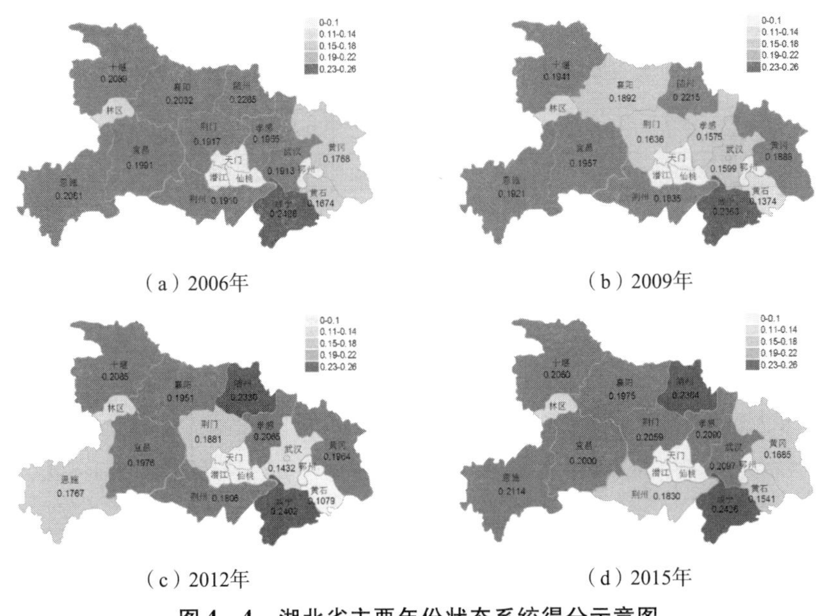

图4－4　湖北省主要年份状态系统得分示意图

从2006～2015年湖北省13个市州平均状态系统得分来看，咸宁市平均状态系统得分最高（0.2406），黄石市平均状态系统得分最低（0.1384），差距较大；单就2015年来看，湖北省13个市州的排名依次为：咸宁市、随州市、恩施州、武汉市、孝感市、十堰市、荆门市、宜昌

表 4－3　2006～2015 年湖北省 13 个市州状态系统得分排名情况

市州	2006 年		2007 年		2008 年		2009 年		2010 年		2011 年		2012 年		2013 年		2014 年		2015 年		平均	
	得分	排名	得分	排名	得分	排名	得分	排名	得分	排名	得分	排名	得分	排名	得分	排名	得分	排名	得分	排名	得分	排名
武汉	0.1913	10	0.1737	11	0.1615	12	0.1599	11	0.1629	12	0.1341	12	0.1432	12	0.1687	12	0.1924	10	0.2097	4	0.1697	12
黄石	0.1674	13	0.1596	12	0.1591	13	0.1374	13	0.1150	13	0.1091	13	0.1079	13	0.1320	13	0.1426	13	0.1541	13	0.1384	13
黄冈	0.1768	12	0.1945	6	0.1940	6	0.1888	8	0.1947	9	0.1996	3	0.1964	6	0.1896	10	0.1735	12	0.1685	12	0.1876	10
咸宁	0.2428	1	0.2343	1	0.2338	1	0.2363	1	0.2423	1	0.2450	1	0.2402	1	0.2467	1	0.2417	1	0.2426	1	0.2406	1
孝感	0.1955	8	0.1586	13	0.1815	11	0.1575	12	0.1950	8	0.1986	5	0.2065	4	0.2003	4	0.2081	4	0.2090	5	0.1911	9
鄂州	0.2040	5	0.1957	4	0.1952	4	0.1967	3	0.2035	5	0.1959	7	0.1955	7	0.1977	8	0.1970	8	0.1979	9	0.1979	5
宜昌	0.1991	7	0.1931	7	0.1938	7	0.1957	4	0.1996	7	0.1947	8	0.1976	5	0.1981	6	0.1983	7	0.2000	8	0.1970	6
荆州	0.1910	11	0.1828	10	0.1823	10	0.1835	9	0.1905	11	0.1795	11	0.1806	10	0.1813	11	0.1821	11	0.1830	11	0.1837	11
荆门	0.1917	9	0.1946	5	0.1941	5	0.1636	10	0.1912	10	0.1844	10	0.1881	9	0.1978	7	0.1992	6	0.2059	7	0.1911	8
襄阳	0.2032	6	0.1884	8	0.1882	8	0.1892	7	0.2030	6	0.1921	9	0.1951	8	0.1943	9	0.1964	9	0.1975	10	0.1947	7
十堰	0.2089	3	0.1842	9	0.1837	9	0.1941	5	0.2084	3	0.1978	6	0.2085	3	0.1986	5	0.2056	5	0.2060	6	0.1996	4
随州	0.2285	2	0.2172	2	0.2167	2	0.2215	2	0.2280	2	0.2205	2	0.2330	2	0.2290	2	0.2321	2	0.2364	2	0.2263	2
恩施	0.2081	4	0.1961	3	0.1957	3	0.1921	6	0.2076	4	0.1987	4	0.1767	11	0.2049	3	0.2083	3	0.2114	3	0.2000	3
平均	0.2006	—	0.1902	—	0.1907	—	0.1859	—	0.1955	—	0.1885	—	0.1899	—	0.1953	—	0.1983	—	0.2017	—	—	—

市、鄂州市、襄阳市、荆州市、黄冈市和黄石市（如图4－5所示）。其中，高于湖北省平均值的有7个，低于湖北省平均值的有6个。

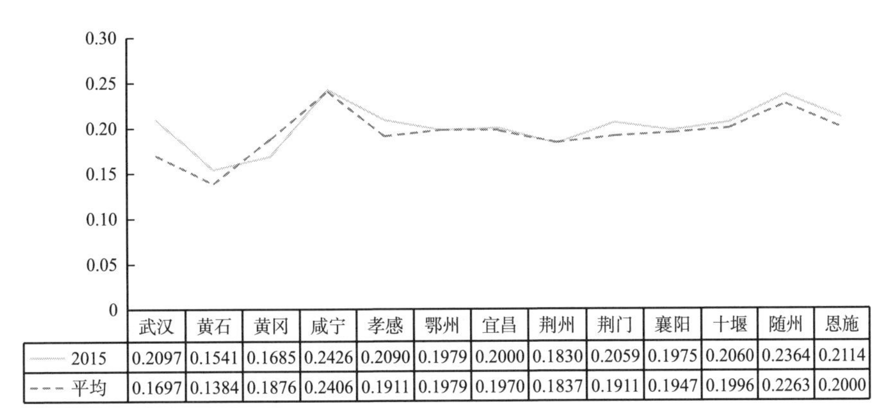

	武汉	黄石	黄冈	咸宁	孝感	鄂州	宜昌	荆州	荆门	襄阳	十堰	随州	恩施
2015	0.2097	0.1541	0.1685	0.2426	0.2090	0.1979	0.2000	0.1830	0.2059	0.1975	0.2060	0.2364	0.2114
平均	0.1697	0.1384	0.1876	0.2406	0.1911	0.1979	0.1970	0.1837	0.1911	0.1947	0.1996	0.2263	0.2000

图4－5 湖北省2006～2015年状态系统平均得分与2015年对比

结合图4－4、图4－5和表4－3来看，咸宁市得分排名最为稳定，且10年来得分排名一直位居榜首。黄石市得分排名较为稳定，且一直处于倒数的行列，虽然得分有所增加，但排名基本维持在固有水平。其中武汉市在2011年有较明显的进步，上升的态势开始显现，2015年已上升到第四位。而孝感市得分排名则出现较大变化，从前五年的排名靠后逐渐上升到排名前列，进步最为明显，表现出明显的上升势头。黄冈市则表现出较大的波动，排名既有前三的较好名次，如2011年，也有较差表现，如2006年、2014年和2015年，且10年平均水平排名仅处于中游水平，表明其有着较好的状态基础，需要加大力度进行状态系统的维持和培育。与黄冈市类似的还有恩施州，其整体排名较优，但仍有个别年份处于倒数行列。此外，宜昌市和襄阳市则出现了小幅的退步情况，其他市州的得分表现出稳定增加的态势，但排名整体上维持在固有水平。

状态系统主要考察绿地、森林和湿地等自然生态系统方面的基本条件和存量。随着各市州城区人口规模扩大和工业发展，越来越多的城市生态用地开始受到侵占，工业园区和商业用地的扩张导致绿色生态屏障受到威胁，从而影响到城市居民的健康和幸福感，降低了大城市生态文明建设的水平。具体来看，咸宁市、恩施州和随州市在建成区绿化率、湿地覆盖率、城区环境空气二氧化硫含量、城区环境空气 PM10 含量、空气质量优良天数等方面较优，而武汉市和黄石市在城区环境空气二氧化硫含量、城区环境空气 PM10 含量、空气质量优良天数等几项指标上表现较差，荆州市和黄冈市则主要在建成区绿化率、湿地覆盖率和森林覆盖率上表现较弱。这些具体指标反映的情况表明，咸宁市、恩施州和随州市在当前阶段有着较好的生态系统健康状态和较优良的城区环境质量，而黄石市的城区环境质量和生态系统健康则出现了较大的问题，并且有愈演愈烈的趋势，武汉市近年来加大环境空气的整治，各项空气污染物指标有了明显的改善。状态系统主要反映了静态的生态文明建设水平，也为各市州的生态文明建设指明了改善的方向，要加强改善城区环境质量和生态屏障的建设，使静态的状态能够长久地保持在优良的水平，将有助于各市州生态文明建设的推进和突破。

4.2.3 响应系统结果分析

2006～2015 年，湖北省 13 个市州响应系统平均得分呈现出缓慢的上升趋势，其中 2015 年响应系统平均得分最高（0.2089），2008 年响应系统平均得分最低（0.1702），相对相差约 18.48%（如表 4－4 所示），表明近 10 年湖北省 13 个市州的响应系统得分有较为明显的上升，且增长幅度较大。各市州响应系统得分区域分布情况如图 4－6 所示。

从 2006～2015 年湖北省 13 个市州平均响应系统得分来看，随州市平均响应系统得分最高（0.2764），孝感市平均状态系统得分最低（0.1229），差距较大；单就 2015 年来看，湖北省 13 个市州的排名依次为：

表 4-4　2006~2015 年湖北省 13 个市州响应系统得分排名情况

市州	2006 年		2007 年		2008 年		2009 年		2010 年		2011 年		2012 年		2013 年		2014 年		2015 年		平均	
	得分	排名	得分	排名	得分	排名	得分	排名	得分	排名	得分	排名	得分	排名	得分	排名	得分	排名	得分	排名	得分	排名
武汉	0. 1879	7	0. 1828	5	0. 1884	5	0. 1903	6	0. 1942	6	0. 1784	7	0. 2058	4	0. 2086	4	0. 2147	6	0. 2298	4	0. 1981	5
黄石	0. 1580	9	0. 1362	11	0. 1352	10	0. 1135	12	0. 1310	12	0. 1041	12	0. 1159	11	0. 1544	10	0. 1298	12	0. 1550	13	0. 1333	12
黄冈	0. 1033	13	0. 1505	8	0. 1124	13	0. 1605	7	0. 1536	11	0. 1867	5	0. 1812	6	0. 1769	5	0. 1603	11	0. 1554	11	0. 1541	9
咸宁	0. 1849	8	0. 1267	12	0. 1358	9	0. 1584	8	0. 1551	10	0. 1653	8	0. 1446	8	0. 1737	6	0. 2400	3	0. 2442	3	0. 1729	7
孝感	0. 1081	12	0. 1148	13	0. 1329	11	0. 1100	13	0. 0918	13	0. 1361	10	0. 1015	13	0. 1123	13	0. 1669	10	0. 1550	12	0. 1229	13
鄂州	0. 1252	10	0. 1443	9	0. 1385	8	0. 1984	5	0. 1623	9	0. 0894	13	0. 1415	10	0. 1459	11	0. 1675	9	0. 1957	7	0. 1509	10
宜昌	0. 1999	4	0. 2150	3	0. 2181	3	0. 2406	2	0. 2062	5	0. 1796	6	0. 2049	5	0. 1559	9	0. 1824	7	0. 1925	8	0. 1995	4
荆州	0. 1977	6	0. 1823	7	0. 1591	7	0. 1448	10	0. 2227	3	0. 1872	4	0. 1434	9	0. 1644	8	0. 1200	13	0. 1687	9	0. 1690	8
荆门	0. 2114	3	0. 2014	4	0. 1946	4	0. 1397	11	0. 1860	7	0. 1268	11	0. 1667	7	0. 1699	7	0. 2302	5	0. 2214	6	0. 1848	6
襄阳	0. 1977	5	0. 1823	6	0. 1730	6	0. 2200	4	0. 2639	1	0. 2255	3	0. 2799	2	0. 2855	2	0. 2931	2	0. 3231	1	0. 2444	3
十堰	0. 2500	2	0. 2254	2	0. 2347	2	0. 2669	1	0. 2478	2	0. 2721	2	0. 2365	3	0. 2550	3	0. 2339	4	0. 2254	5	0. 2448	2
随州	0. 2617	1	0. 2833	1	0. 2721	1	0. 2402	3	0. 2215	4	0. 3011	1	0. 2987	1	0. 2961	1	0. 2959	1	0. 2934	2	0. 2764	1
恩施	0. 1140	11	0. 1435	10	0. 1182	12	0. 1479	9	0. 1625	8	0. 1574	9	0. 1159	12	0. 1234	12	0. 1727	8	0. 1557	10	0. 1411	11
平均	0. 1769	—	0. 1760	—	0. 1702	—	0. 1793	—	0. 1845	—	0. 1777	—	0. 1797	—	0. 1863	—	0. 2006	—	0. 2089	—	—	—

襄阳市、随州市、咸宁市、武汉市、十堰市、荆门市、鄂州市、宜昌市、荆州市、恩施州、黄冈市、孝感市和黄石市（如图 4－7 所示）。其中，高于湖北省平均值的有 6 个，低于湖北省平均值的有 7 个。

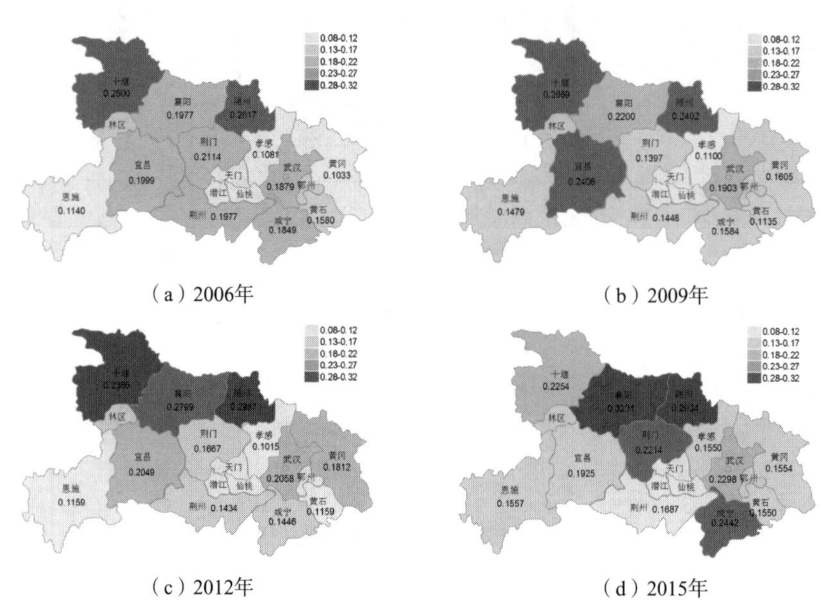

（a）2006年　（b）2009年

（c）2012年　（d）2015年

图 4－6　湖北省主要年份响应系统得分示意图

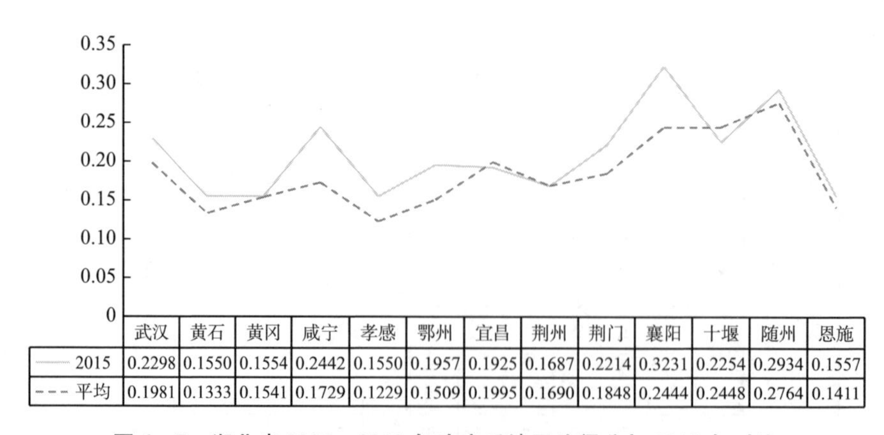

	武汉	黄石	黄冈	咸宁	孝感	鄂州	宜昌	荆州	荆门	襄阳	十堰	随州	恩施
2015	0.2298	0.1550	0.1554	0.2442	0.1550	0.1957	0.1925	0.1687	0.2214	0.3231	0.2254	0.2934	0.1557
平均	0.1981	0.1333	0.1541	0.1729	0.1229	0.1509	0.1995	0.1690	0.1848	0.2444	0.2448	0.2764	0.1411

图 4－7　湖北省 2006～2015 年响应系统平均得分与 2015 年对比

结合图 4－6、图 4－7 和表 4－4 来看，随州市得分排名最为稳定，且

10年来得分排名基本位居榜首，仅有2009年和2010年排名为第三和第四。孝感市和黄石市得分排名较为稳定，且一直处于倒数的行列，虽然得分有所增加，但排名基本维持在固有水平。其中黄石市在表现出进一步下滑的态势，不仅得分上有所下降，排名也在下滑。而孝感市得分排名则显露出上升的趋势，后续势头可期。咸宁市进步较为明显，由2006年排名第七逐渐波动上升，2015年位于第三。此外，襄阳市和恩施州的进步也仅次于咸宁市，其中襄阳市由中游水平上升到排名前列，而恩施州则由排名倒数逐渐上升到中游水平。鄂州市则表现出较大的波动，曾一度跻身第五（2009年），但整体来看水平仍然落后。此外，荆州市和荆门市则出现了小幅的退步情况，其他市州的得分表现出稳定增加的态势，但排名整体上维持在固有水平。

响应系统主要考察针对已经出现的约束和不良状况作出的改善措施，包括加快经济结构优化升级，加强对污染物的控制和治理，对易遭受破坏的绿地、森林和湿地等自然生态系统加以保护等。随着工业化的持续推进，加快转变经济结构，挖掘新的经济增长极已成为了后工业化经济增长的重要手段，要提升经济高度化，扩大高新技术在工业产业的应用范围，加大和延伸生态产业链，降低污染物的排放，加大生态环境保护力度。具体来看，随州市、襄阳市和十堰市在工业废水排放达标率、工业成本费用利润率、高新技术产业增加值占*GDP*比重、城市生活污水集中处理率、城市生活垃圾无害化处理率等几项指标上表现较优，恩施州和武汉市则在水功能区水质达标率、工业固体废弃物综合利用率、工业粉尘去除率、工业废水排放达标率表现较好；而黄石市在工业固体废弃物综合利用率、工业粉尘去除率、工业废水排放达标率、环境事件来访处理率等几项指标上表现较差，孝感市和鄂州市则主要在工业成本费用利润率、高新技术产业增加值占*GDP*比重表现较弱。这些具体指标反映的情况表明，武汉市、宜昌市和襄阳市在当前阶段对已出现的压力约束和状态问题都有着较为良好的应对措施，而黄石市和孝感市则相对应对能力较弱。响应系统主要反映了生态文明建设的改善能力，是加快推进生态文明建设的重要手段，也对各市州的生态文明建设提出了明确的要求，要加强对各市州已出现的瓶颈约束和严峻的环境质量形势的改善力度，及时监测和改进环境问题，加快经济结构转型升级，将有助于各市州生态文明建设的快速推进。

4.2.4　综合结果分析

2006～2015 年，湖北省 13 个市州综合结果平均得分呈现出稳定的上升趋势，其中 2015 年综合结果平均得分最高（0.6134），2008 年综合结果平均得分最低（0.5556），相对相差约 10.40%（如表 4－5 所示），表明近 10 年湖北省 13 个市州的综合结果得分较为稳定，综合结果的得分不断上升呈现出小幅增长的态势。各市州综合结果得分区域分布情况如图 4－8 所示。

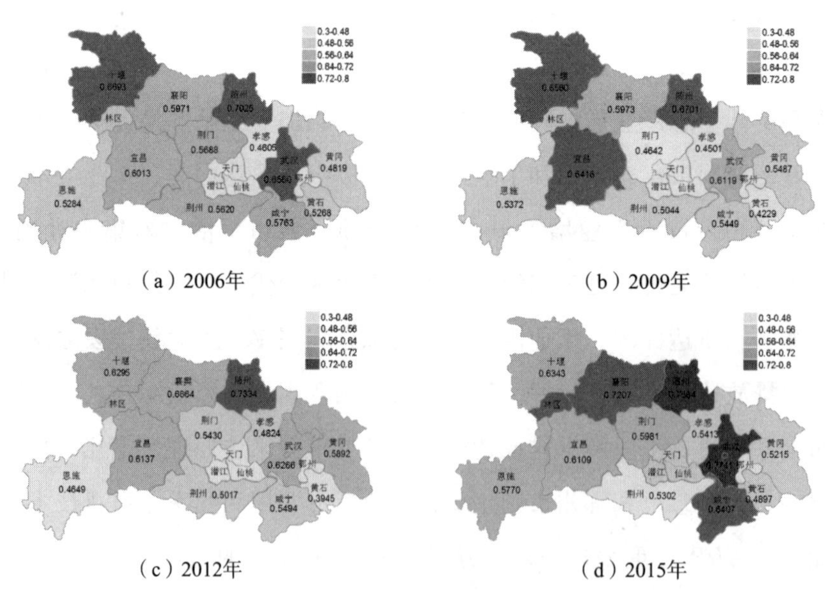

（a）2006年

（b）2009年

（c）2012年

（d）2015年

图 4－8　2006～2015 年湖北省各市州生态文明建设水平综合结果分布示意图

表 4 - 5　　2006～2015 年湖北省 13 个市州综合排名情况

市州	2006 年		2007 年		2008 年		2009 年		2010 年		2011 年		2012 年		2013 年		2014 年		2015 年		平均	
	得分	排名	得分	排名	得分	排名	得分	排名	得分	排名	得分	排名	得分	排名	得分	排名	得分	排名	得分	排名	得分	排名
武汉	0. 6560	3	0. 6209	4	0. 6190	4	0. 6119	4	0. 6527	4	0. 5799	6	0. 6266	4	0. 6821	2	0. 7230	2	0. 7741	1	0. 6546	2
黄石	0. 5268	10	0. 4943	12	0. 4874	12	0. 4229	13	0. 4169	13	0. 3780	13	0. 3945	13	0. 4600	13	0. 4487	13	0. 4897	13	0. 4519	13
黄冈	0. 4819	12	0. 5653	5	0. 5124	11	0. 5487	7	0. 5543	8	0. 6090	4	0. 5892	6	0. 5688	7	0. 5416	11	0. 5215	12	0. 5493	7
咸宁	0. 5763	6	0. 5409	10	0. 5441	6	0. 5449	8	0. 5425	10	0. 5692	7	0. 5494	7	0. 5861	5	0. 6322	5	0. 6407	4	0. 5726	6
孝感	0. 4605	13	0. 4411	13	0. 4767	13	0. 4501	12	0. 4397	12	0. 4969	10	0. 4824	11	0. 4660	12	0. 5567	9	0. 5413	10	0. 4811	12
鄂州	0. 5116	11	0. 5352	11	0. 5235	9	0. 5770	6	0. 5462	9	0. 4714	12	0. 5205	9	0. 5290	9	0. 5503	10	0. 5791	8	0. 5344	10
宜昌	0. 6013	4	0. 6216	3	0. 6230	3	0. 6416	3	0. 6116	5	0. 5832	5	0. 6137	5	0. 5700	6	0. 5955	7	0. 6109	6	0. 6050	5
荆州	0. 5620	8	0. 5549	7	0. 5258	8	0. 5044	10	0. 5851	6	0. 5442	9	0. 5017	10	0. 5256	11	0. 4794	12	0. 5302	11	0. 5253	11
荆门	0. 5688	7	0. 5459	8	0. 5332	7	0. 4642	11	0. 5418	11	0. 4952	11	0. 5430	8	0. 5533	8	0. 5994	6	0. 5981	7	0. 5473	8
襄阳	0. 5971	5	0. 5614	6	0. 5465	5	0. 5973	5	0. 6612	2	0. 6118	3	0. 6664	2	0. 6747	3	0. 6892	3	0. 7207	3	0. 6326	4
十堰	0. 6693	2	0. 6268	2	0. 6302	2	0. 6560	2	0. 6634	1	0. 6851	2	0. 6295	3	0. 6494	4	0. 6521	4	0. 6343	5	0. 6496	3
随州	0. 7025	1	0. 7056	1	0. 6885	1	0. 6701	1	0. 6608	3	0. 7049	1	0. 7334	1	0. 7282	1	0. 7447	1	0. 7564	2	0. 7095	1
恩施	0. 5284	9	0. 5439	9	0. 5128	10	0. 5372	9	0. 5744	7	0. 5537	8	0. 4649	12	0. 5262	10	0. 5907	8	0. 5770	9	0. 5409	9
平均	0. 5725	—	0. 5660	—	0. 5556	—	0. 5559	—	0. 5731	—	0. 5602	—	0. 5627	—	0. 5784	—	0. 6003	—	0. 6134	—	—	—

从2006～2015年湖北省13个市州综合结果平均得分来看，随州市综合结果平均得分最高（0.7095），黄石市综合结果平均得分最低（0.4519），相对差距较为明显；单就2015年来看，湖北省13个市州的排名依次为：武汉市、随州市、襄阳市、咸宁市、十堰市、宜昌市、荆门市、鄂州市、恩施州、孝感市、荆州市、黄冈市和黄石市（如图4－9所示）。其中，高于湖北省平均值的有5个，低于湖北省平均值的有8个。

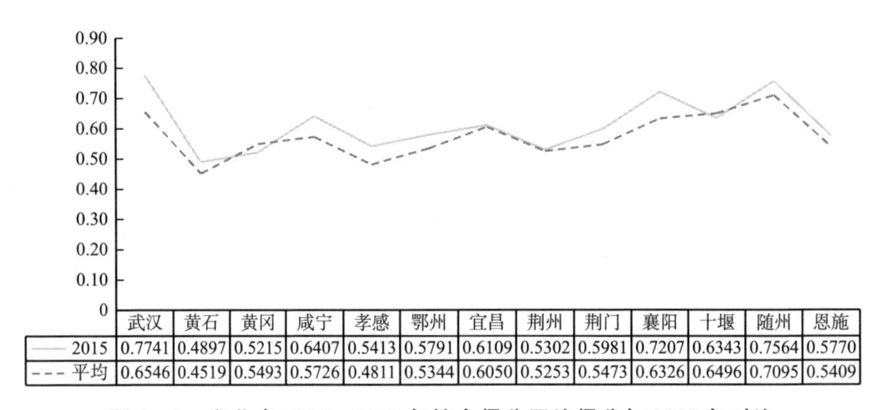

	武汉	黄石	黄冈	咸宁	孝感	鄂州	宜昌	荆州	荆门	襄阳	十堰	随州	恩施
2015	0.7741	0.4897	0.5215	0.6407	0.5413	0.5791	0.6109	0.5302	0.5981	0.7207	0.6343	0.7564	0.5770
平均	0.6546	0.4519	0.5493	0.5726	0.4811	0.5344	0.6050	0.5253	0.5473	0.6326	0.6496	0.7095	0.5409

图4－9　湖北省2006～2015年综合得分平均得分与2015年对比

结合图4－8、图4－9和表4－5来看，随州市得分排名最为稳定，且10年来得分排名大部分时间一直位居榜首，仅在2010年、2015年分别位居第3位和第2位。孝感市和黄石市得分排名较为稳定，且一直处于倒数的行列，虽然得分有所增加，但排名基本维持在固有水平。其中黄石市排名一直处于倒数，而孝感市则开始表现出上升的态势。武汉市呈现出明显的进步趋势，由2011年的第六名上升到2015年的第一名，襄阳市同样进步较为明显，由2007年排名第六逐渐缓慢上升，2015年位于第三。此外，恩施州的进步也仅次于襄阳市，恩施州则由排名倒数逐渐上升到中游水平。宜昌市、荆州市、黄冈市和荆门市则出现了小幅的退步情况，黄冈市和荆州市则均由排名中段水平下滑到排名倒数，荆门市相对退步幅度较小，其他市州的得分表现出稳定增加的态势，但排名整体上维持在固有水平。

综合结果全面反映了湖北省各市州生态文明建设水平，是压力—状态—响应系统性的体现。从分项到整体的结果可以看出，压力—状态—响应的高水平协调才能提升城市生态文明建设水平，而三者不协调或者低水平协调将制约城市生态文明建设的推进。譬如，武汉市虽然在经济压力、经济高度化和污染治理能力等方面有较为良好的表现，但其城区环境健康状态和生态禀赋状态依然处于中等水平，因而其最终排名也仅仅表现为良好，随着近年来大力治理污染和注重生态环境的修复，排名才逐渐上升。而宜昌和襄阳市虽然是湖北省经济发展水平的第二和第三位城市，但其状态系统和响应表现较弱，影响了其生态文明建设成效。咸宁市则是受压力系统拖累，其生态文明建设成效也不够理想。

具体来看，湖北省排名较为靠后的城市可以通过以下几个方面来改善现有的建设水平：

（1）提高主要资源的利用效率。提高咸宁市、孝感市和荆门市的资源能源节约利用水平。主要要通过提高单位建设面积二三产业增加值、清洁能源比重等指标来促进这三个城市的资源能源利用水平，湖北已形成“一主两副”的基本发展战略，咸宁市、孝感市和荆门市，要积极承接所在区域的中心城市的支柱产业，加快自身产业结构的调整，发展高新技术产业、出口导向型产业和现代服务业等技术密集型产业，同时鼓励政府、高校和企业进行技术创新，加大引入适用技术的力度，同时提高对人才的福利待遇，吸引高质量人才的加入，促进城市的资源能源节约利用。黄石市作为资源枯竭型城市，虽然已经在逐步转型，但仍要提高对资源能源的集约利用，大力发展新的城市支撑产业，加快淘汰落后产能步伐。

（2）提高污染物排放标准。尤其是要加强黄石市、黄冈市和咸宁市的生态环境保护力度。主要通过提高工业粉尘去除率、工业废水排放达标率、城市生活垃圾无害化处理率和城市生活污水集中处理率等指标来改善黄石市、黄冈市和咸宁市的生态保护现状。要改善这些情况，必须要促进城市对于生活垃圾的“微降解”，通过法律或者规章制度来鼓励或强制实行生活垃圾分类处理，从源头控制生活垃圾的乱排乱放；对于水质的改善，要通过加强对企业排放的工业废水的监管，提高污水排放的达标率，同时促进水资源的再次利用，对于生活污水，应积极推广分散式生物集成处理系统，作为集中式污水处理设备的补充，强化对生活污水的处理和回收利用。此外，湖北各市州要同时加大对环保投资的力度，促进环保产业的发展，积极引导环保组织和个人对于环境保护的宣传，促进全民参与，提倡出行的绿色化，改善生态环境。

（3）提高生态制度执行力度。着重加强对黄石市、黄冈市、荆门市和咸宁市的生态制度建设。生态制度的建设有利于这些市州加强响应系统的建设，黄石市、黄冈市、荆门市和咸宁市在生态文明建设方面积极性相对于武汉市、宜昌市等而言较弱，对经济社会发展的投入远高于对生态文明建设的投入。因而，在生态制度建设方面，中小城市不仅要加快建立和完善生态文明相关制度，譬如推进自然资源资产负债表的编制，完善生态补偿机制，同时也要关注制度落实的情况，建立制度建立、落实和监管的长效机制。

（4）发挥湖北省中小城市主观能动性，强化中小城市在城市群或城市圈中的地位和功能。湖北省“一主两副”的发展格局已基本形成，黄石市、黄冈市、咸宁市和孝感市属于武汉城市圈的一部分，荆门市位于“宜荆荆”城市圈，十堰市和随州市则属于“襄十随”城市圈，中小城市要清晰自身在各自城市圈的功能定位，积极发展和承接武汉市、宜昌市和襄阳市的优势产业，提高大中小城市的互动和协同性，引入武汉市、宜昌市和襄阳市的优质教育、医疗、公共服务等资源，提高自身公共服务水平的同时化解大城市的承载压力。此外，湖北省中小城市的国土空间开发格局优化同样十分重要，虽然当前城市开发强度不高，但仍需要科学的规划和建设，在工业化和城市化的中后期避免大城市集中爆发资源环境承载力超载的现象发生。

4.3 湖北省城市群生态文明评价结果分析

本节在上一节评价结果的基础上对2006～2015年间湖北省城市群生态文明建设进行评价分析。城市群是城市发展到成熟阶段的最高空间组织形式，是指在特定地域范围内，一般以1个以上特大城市为核心，由至少3个大城市为构成单元，依托发达的交通通信等基础设施网络所形成的空间组织紧凑、经济联系紧密、并最终实现高度同城化和高度一体化的城市群体。城市群的实质在于城市间的紧密联系和协同互动，依托各级各类空间规划合理确定城市群布局，将有利于城市群各城市生态文明建设水平的共同提升。湖北省积极响应推进城市群发展，已形成了武汉“1+8”城市圈（以下简称“武汉城市圈”）、宜荆荆城市群和襄十随城市群三大城市群。本节主要将从湖北省三大城市群的生态文明评价结果进行分析。

4.3.1 压力系统结果分析

2006～2015年，湖北省三大城市群压力系统得分总体上表现出上下波动的形势，其中宜荆荆城市群的增长的态势仍然较为明显，宜荆荆城市群2015年得分相对2006年得分增加了4.52%，而武汉城市圈和襄十随城市群上升趋势不明显，2015年得分相对2006年分别仅增加了1.54%和1.75%。三大城市群得分变化情况如图4－10所示。

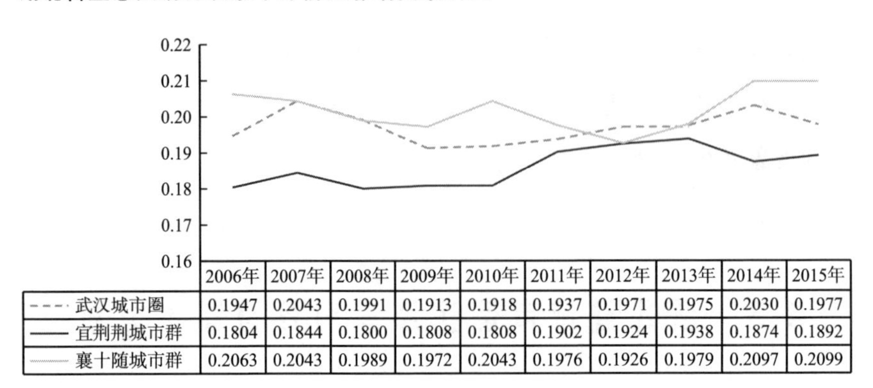

	2006年	2007年	2008年	2009年	2010年	2011年	2012年	2013年	2014年	2015年
武汉城市圈	0.1947	0.2043	0.1991	0.1913	0.1918	0.1937	0.1971	0.1975	0.2030	0.1977
宜荆荆城市群	0.1804	0.1844	0.1800	0.1808	0.1808	0.1902	0.1924	0.1938	0.1874	0.1892
襄十随城市群	0.2063	0.2043	0.1989	0.1972	0.2043	0.1976	0.1926	0.1979	0.2097	0.2099

图 4－10　湖北省 2006～2015 年三大城市群压力系统得分示意图

由图 4－10 可以看出，襄十随城市群历年来压力系统得分相较于其他两个城市群表现较优，仅有 2008 年和 2012 年表现稍弱于武汉城市圈，而 2007 年武汉城市圈和襄十随城市群出现了相同的得分。宜荆荆城市群压力系统表现较弱，与其他两个城市群的差距较大，仅有 2011～2013 年差距有所减小。

城市群压力系统体现了城市群内部各市州压力系统的协调程度，武汉城市圈压力系统方面仍然是武汉市较强而其他城市较弱，并且在城市发展过程中，武汉市压力系统得分增速明显快于周边城市。在这方面，武汉市对武汉城市圈的其他城市带动能力不强，应加强地区间的联系和合作，提升资源环境消耗方面的压力表现，尤其是单位 *GDP* 能耗和单位 *GDP* 水耗等指标的提升。宜荆荆城市群则相对较为均衡，但整体水平不高，其中荆州压力系统平均得分在该城市群中最低，也是宜荆荆城市群压力系统建设的重点。襄十随城市群中整体表现良好，三个城市在压力系统得分上在湖北省 13 个市州中有明显的优势。

通过城市群压力系统得分可以看出，湖北省各市州的表现在地理空间上存在着一定的区域差异和联系，城市群的推动和发展就是为了降低一定区域内各城市的差距，促进区域平衡协调发展。因而，武汉市城市圈和宜荆荆城市群要更加紧密联系城市群（圈）内部城市，形成多层次多领域的合作，促进在压力系统的共同进步。

4.3.2 状态系统结果分析

2006～2015年，湖北省三大城市群状态系统得分总体上表现出波动上升的态势，除2006年整体得分较高外，2007年后开始缓慢回升。其中宜荆荆城市群和襄十随城市群的增长的态势较为明显，增长幅度较大，而武汉城市圈则表现较为平稳。宜荆荆城市群2015年得分相对2007年增长了3.81%，襄十随城市群同期增长了8.49%，而武汉城市圈状态系统得分增长幅度仅为1.92%。三大城市群得分变化情况如图4－11所示。

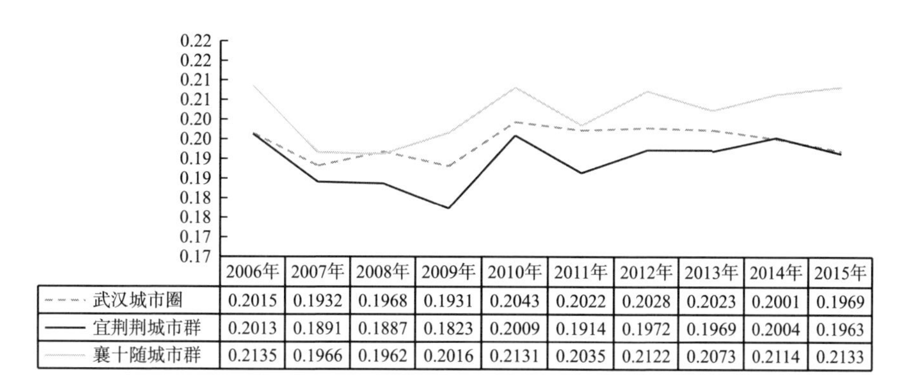

	2006年	2007年	2008年	2009年	2010年	2011年	2012年	2013年	2014年	2015年
武汉城市圈	0.2015	0.1932	0.1968	0.1931	0.2043	0.2022	0.2028	0.2023	0.2001	0.1969
宜荆荆城市群	0.2013	0.1891	0.1887	0.1823	0.2009	0.1914	0.1972	0.1969	0.2004	0.1963
襄十随城市群	0.2135	0.1966	0.1962	0.2016	0.2131	0.2035	0.2122	0.2073	0.2114	0.2133

图4－11 湖北省2006～2015年三大城市群状态系统得分示意图

由图4－11可以看出，襄十随城市群历年来状态系统得分相较于其他两个城市群表现较优，仅有2008年和2012年表现稍弱于武汉城市圈，而宜荆荆城市群得分仅在2015年稍高于武汉城市圈。宜荆荆城市群状态系统表现较弱，与其他两个城市群的差距较大，仅有2007年、2010年和2013年差距有所减小。

城市群状态系统体现了城市群内部各市州状态系统的协调程度，武汉城市圈状态系统方面中咸宁市和鄂州市表现较强，而其他城市较弱，武汉市、黄石市和黄冈市得分和排名在湖北13个市州中较为靠后。在这方面，武汉城市圈发展并不均衡，作为核心城市的武汉状态系统表现不够成为带动城市圈内部其他城市的领头羊。而咸宁市和鄂州市虽然表现较好，但其辐射带动能力相对较差，10年间对其他圈内城市影响不够明显。宜荆荆城市群则相对较为均衡，宜昌市和荆门市状态系统得分位居湖北省中游，但荆州市状态系统平均得分在湖北省13个市州中表现都处于最差梯队，是宜荆荆城市群状态系统建设的重点。襄十随城市群中整体表现良好，其中十堰市和随州市得分排名处于湖北省13个市州中前列，但襄阳市表现较弱，仅处于中游偏下地位。襄阳市作为襄十随城市群中的核心城市表现不够，辐射带动能力较差。

通过城市群状态系统得分可以看出，湖北省各市州的表现在地理空间上存在着一定的区域差异和联系，三大城市群（圈）的核心城市更要发挥出其应具备的功能，武汉市和襄阳市要加强在状态系统方面的建设，促进城市群（圈）内部城市在状态系统的共同进步。

4.3.3 响应系统结果分析

2006~2015年，湖北省三大城市群响应系统得分总体上表现出稳步上升的态势，其中武汉城市圈和襄十随城市群的增长的态势较为明显，增长幅度较大，而宜荆荆城市群则表现较为平稳。宜荆荆城市群2015年得分相对2006年反而有一定的下降，襄十随城市群同期增长了15.72%，而武汉城市圈则增长了23.57%。三大城市群得分变化情况如图4-12所示。

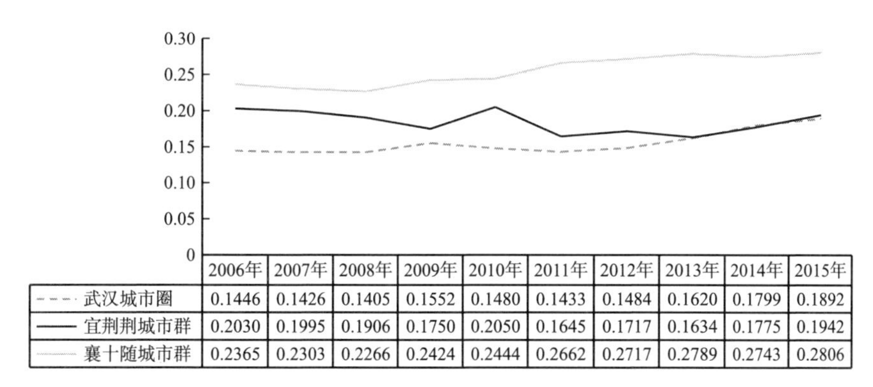

	2006年	2007年	2008年	2009年	2010年	2011年	2012年	2013年	2014年	2015年
武汉城市圈	0.1446	0.1426	0.1405	0.1552	0.1480	0.1433	0.1484	0.1620	0.1799	0.1892
宜荆荆城市群	0.2030	0.1995	0.1906	0.1750	0.2050	0.1645	0.1717	0.1634	0.1775	0.1942
襄十随城市群	0.2365	0.2303	0.2266	0.2424	0.2444	0.2662	0.2717	0.2789	0.2743	0.2806

图4－12　湖北省2006～2015年三大城市群响应系统得分示意图

由图4－12可以看出，襄十随城市群历年来响应系统得分相较于其他两个城市群表现较优，宜荆荆城市群历年来响应系统得分又略优于武汉城市圈，但武汉城市圈在2014年实现了对宜荆荆城市群的超越，进步幅度最为明显。

城市群响应系统体现了城市群内部各市州响应系统的协调程度，武汉城市圈响应系统方面仅有咸宁市和武汉市表现较强，而其他城市较弱，孝感市、黄石市和黄冈市得分和排名在湖北13个市州中较为靠后。在响应系统方面，武汉城市圈发展并不均衡，作为核心城市的武汉响应系统方面表现整体处于第二，但其增长速度最快，10年平均得分是城市圈内第一，圈内城市也在逐步进步，在武汉的带领下，逐渐实现了对宜荆荆城市群的超越，辐射带动能力开始凸显。宜荆荆城市群则相对较为均衡，宜昌市和荆门市响应系统得分位居湖北省中游，但荆州市响应系统得分有较明显的下滑态势，受其影响，宜荆荆城市群响应系统增长速度有所降低，荆州市响应系统的建设也是宜荆荆城市群响应系统建设的重点。襄十随城市群中整体表现良好，其中随州市和襄阳市得分排名处于湖北省13个市州中前列，襄阳市整体表现不及随州市，但其上升态势明显，有成为襄十随城市群中突出的迹象，襄十随城市群响应系统整体有协同进步的趋势，保持并持续现有的建设强度是该城市群的建设重点。

通过城市群响应系统得分可以看出，湖北省各市州的表现在地理空间上存在着一定的区域差异和联系，三大城市群（圈）的核心城市武汉市和宜昌市发挥出其应具备的功能，而襄阳市则需要加强在响应系统方面的建设，促进城市群（圈）内部城市在响应系统的共同进步。

4.3.4 综合结果分析

2006~2015 年，湖北省三大城市群综合结果得分总体上表现出稳步上升的态势，其中武汉城市圈、襄十随城市群增长的态势较为明显，增长幅度较大，而宜荆荆城市群则表现较为平稳，综合得分上升幅度较小。武汉城市圈 2015 年得分相对 2006 年增长了 10.38%，而襄十随城市群同期增长了 7.24%，而宜荆荆城市群仅增长了 0.4%。三大城市群得分变化情况如图 4-13 所示。

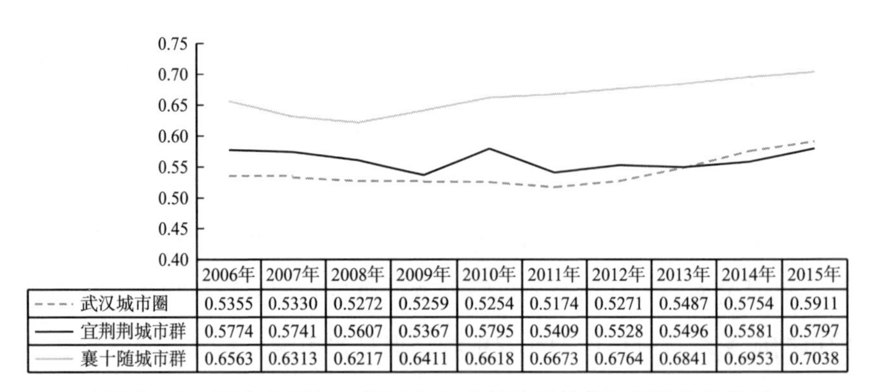

	2006年	2007年	2008年	2009年	2010年	2011年	2012年	2013年	2014年	2015年
武汉城市圈	0.5355	0.5330	0.5272	0.5259	0.5254	0.5174	0.5271	0.5487	0.5754	0.5911
宜荆荆城市群	0.5774	0.5741	0.5607	0.5367	0.5795	0.5409	0.5528	0.5496	0.5581	0.5797
襄十随城市群	0.6563	0.6313	0.6217	0.6411	0.6618	0.6673	0.6764	0.6841	0.6953	0.7038

图 4-13 湖北省 2006~2015 年三大城市群综合结果得分示意图

由图 4-13 可以看出，襄十随城市群综合结果得分相较于其他两个城市群表现较优，10 年间的得分一直高于其他两个城市群。而武汉城市圈和宜荆荆城市群排名呈现出交替上升的趋势，其中武汉城市圈在 2013 年实现了对宜荆荆城市群的超越。总体来看，三个城市群的差距在不断缩小，共同进步。

城市群综合结果体现了城市群内部各市州综合结果的协调程度，武汉城市圈综合结果仅有武汉市和咸宁市表现较强，而其他城市较弱，鄂州市、黄石市和黄冈市得分和排名在湖北13个市州中较为靠后。在综合得分方面，武汉城市圈生态文明建设并不均衡，作为核心城市的武汉综合得分处于圈内城市中第一，并且有着明显的进步，其他城市例如孝感市和鄂州市表现出一定的进步，但整体进步幅度不大，武汉市生态文明建设的辐射和带动作用有限。宜荆荆城市群综合得分表现平稳，增长幅度较小，其中宜昌市和荆门市综合得分增长速度较慢，受其影响，宜荆荆城市群综合得分增长较为缓慢，荆州市整体来看是宜荆荆城市群生态文明建设的重点突破城市。襄十随城市群中综合得分整体表现良好，其中随州市和襄阳市得分排名处于湖北省13个市州中前列，襄阳市虽然整体表现不及随州市，但其上升态势明显，有成为襄十随城市群中核心的迹象，襄十随城市群综合得分整体有协同进步的趋势，保持并持续现有的建设强度是该城市群的建设重点。

通过城市群综合得分可以看出，湖北省各市州的表现在地理空间上存在着一定的区域差异和联系，三大城市群（圈）的核心城市武汉市、宜昌市和襄阳市综合生态文明建设水平均有所进步，辐射带动功能不够明显。

4.4 本章小结

本章在第3章构建的湖北省生态文明评价指标体系的基础上对2006～

2015 年间湖北省 13 个市州以及三大城市群生态文明建设进行评价分析。首先，本章对现有的权重计算方法进行评述，并选取主观赋权和客观赋权相结合的方法来确定指标权重，在此基础上，分别对湖北省 13 个市州以及三大城市群的压力系统、状态系统、响应系统和综合结果进行分析，得出以下主要结论：

（1）湖北省 13 个市州的生态文明建设水平中，随州市得分排名最为稳定，且 10 年来得分排名大部分时间一直位居榜首，仅在 2015 年被武汉市超越。孝感市和黄石市得分排名较为稳定，且一直处于倒数的行列，虽然得分有所增加，但排名基本维持在固有水平。其中黄石市排名一直处于倒数，而孝感市则开始表现出上升的态势。武汉市呈现出明显的进步趋势，由 2011 年的第六名上升到 2015 年的第一名，襄阳市同样进步较为明显，由 2008 年排名第六逐渐缓慢上升，2015 年位于第三。此外，恩施州的进步也仅次于襄阳市，恩施州则由排名倒数逐渐上升到中游水平。宜昌市、荆州市、黄冈市和荆门市则出现了小幅的退步情况，其中宜昌市退步最大，由 2006 年的第三名逐渐下滑到 2015 年的第七名，黄冈市和荆州市则均由排名中段水平下滑到排名倒数，荆门市相对退步幅度较小，其他市州的得分表现出稳定增加的态势，但排名整体上维持在固有水平。在此基础上，相应地提出了湖北省生态文明建设水平较差的城市改善现有生态文明建设水平的具体建议。

（2）湖北省三大城市群生态文明建设水平中，武汉城市圈综合结果仅有武汉市和咸宁市表现较强，而其他城市较弱，鄂州市、黄石市和黄冈市得分和排名在湖北 13 个市州中较为靠后。在综合得分方面，武汉城市圈生态文明建设并不均衡，作为核心城市的武汉综合得分处于圈内城市中第一，并且有着明显的进步，其他城市例如孝感市和鄂州市表现出一定的进步，但整体进步幅度不大，武汉市生态文明建设的辐射和带动作用有限。宜荆荆城市群综合得分表现平稳，增长幅度较小，其中宜昌市和荆门市综合得分增长速度较慢，受其影响，宜荆荆城市群综合得分增长较为缓慢，荆州市整体来看是宜荆荆城市群生态文明建设的重点突破城市。襄十随城市群中综合得分整体表现良好，其中随州市和襄阳市得分排名处于湖北省13个市州中前列，襄阳市虽然整体表现不及随州市，但其上升态势明显，有成为襄十随城市群中核心的迹象，襄十随城市群综合得分整体有协同进步的趋势，保持并持续现有的建设强度是该城市群的建设重点。

第5章 湖北省生态文明空间效应研究

从第4章的实证结果可以看出，湖北省生态文明建设水平存在着一定空间上的差异，不仅各市州的生态文明建设水平存在着较大的差距，并且三大城市群内部的城市之间也存在着较为明显的差异。这种明显的差异对湖北省生态文明建设的协调同步发展产生了阻碍。为了进一步研究城市生态文明建设水平的空间性差异和联系，因此有必要对湖北省生态文明建设的空间效应做进一步分析。

要研究生态文明建设过程中各变量对生态文明建设水平的影响和作用机制，需要采用计量方法进行估计和检验。经典的计量分析假定研究样本之间是相互独立的，但根据美国地理学家托卜勒（Tobler）提出的地理学第一定律[84]，世界上任何事物都是相互关联的，而且事物离得越近，其相关性越高；离得越远相关性就越低[85]。换言之，区域间的经济地理行为之间都存在空间效应，即地区间的经济行为在地理上都存在一定程度的空间交互作用（spatial interaction effect）。由于空间效应的存在，传统计量分析模型“样本间相互独立”的假设不再成立，导致其估计结果可能与实际有偏差。基于托卜勒的地理学规律，空间统计学和空间计量经济学随之建立并发展起来了。

5.1 空间效应理论

第4章城市生态文明评价结果表明，生态文明评价结果分布具有明显的“俱乐部现象”，城市生态文明水平存在着地理空间上的集群效应。然而如何客观科学地鉴别城市生态文明是否存在空间效应，这是空间计量模型分析首先要解决的问题。本节内容介绍城市生态文明空间相关性的检验和估计方法。

5.1.1 空间依赖性

空间依赖性（spatial dependence）（也称为“空间自相关性”，spatial autocorrelation）指的是在样本观测的过程中，位于位置甲的观测会受到其他位置的观测的影响。空间依赖性存在的原因有以下两个方面：

（1）空间交互（spatial interaction）作用的影响。各城市间存在紧密的要素流动、技术扩散、产业结构趋同等现象，使得各城市虽然有相互独立的行政区域，但其经济发展、社会进步和资源环境消耗方面存在着一定的空间相互作用。比如技术水平的外溢、能源消费结构的趋同、环保意识相互影响等都会使得各城市生态文明存在空间交互效应。

（2）干扰性空间依赖（nuisance spatial interaction）的影响。干扰空间依赖性是测量误差引起的，比如，在研究过程中的城市生态文明的空间关联模式与研究单元（城市）之间的边界可能并不一致，这就可能造成相邻城市的测量误差。由于在统计调查过程中，数据的统计与空间样本有关，比如我国统计数据通常是按行政区域（省、市、县）进行数据采集，这种统计的空间单位与问题研究边界的不匹配性往往会导致测量误差的产生。

阿塞林（Anselin，1988）[85]给出两种刻画空间依赖性（空间自相关性）的空间计量模型：如果指标变量的空间相关性是由空间交互作用引起的，则选择建立空间滞后模型来刻画变量间关系；如果指标变量的空间相关性是由干扰性空间依赖引起的，则选择建立空间误差模型进行检验估计。

5.1.2 空间异质性

空间异质性（spatial heterogeneity）是指观测区域在地理空间上存在非均衡性，比如经济地理结构存在先进地区和落后地区、沿海地区和内陆地区、中心区和郊区等区别，这种经济地理结构上的非匀质性会导致各区域经济发展存在较大的空间差异性。空间异质性反映了经济实践中的空间观测单元之间经济行为关系的一种不稳定性。如，我国西部地区受其技术水平、经济基础的影响，其经济部门在能源消费结构、环境治理水平上存在着不可忽视的个体差异。如果存在空间异质性，大多数情况可以将空间单元的特性考虑在分析框架之内，通过建立传统的计量模型进行检验估计。但是如果空间异质性和空间相关性两种空间效应同时存在时，问题变得更加复杂了，传统的计量经济模型不再适用。而且很难找到合适的方法来区分空间依赖性和空间异质性，处理这类问题较好的办法就是建立空间变系数回归模型，也称地理加权回归模型（geographical weighted regression）进行处理。

5.2 空间效应检验

在建立空间计量模型进行实证分析之前，要先对其空间相关性进行检验。如果经过空间相关性检验，发现存在显著的空间效应，那么在建立计量分析模型时，就要将这种空间效应纳入分析框架之中，此时就要建立适当的空间计量经济模型进行检验估计；如果空间效应检验结果表明空间相关性不显著，则可采用传统的计量方法进行模型的检验估计。

一个地区生态效率是否存在地理空间上的空间依赖性，空间统计学和空间计量经济学常常用以下两种方法进行检验：第一种方法是全局空间自相关检验（global spatial autocorrelation），包括 Moran's Ⅰ、Geary's C 统计，甚至还包括 join count（联合计数）统计，其中 Moran's Ⅰ指数和 Geary 比率这两个全局空间自相关的指标常常被用来进行全域的空间效应检验；第二种方法是局域空间自相关检验（local spatial autocorrelation），包括局域 Moran's Ⅰ指数、局域 G 指数。

5.2.1 全局空间自相关检验

空间自相关检验有两种：全域空间自相关检验和局域空间自相关检验。全域空间自相关可以检验城市生态文明是否存在空间依赖性，从区域整体上来分析城市生态文明的空间关联模式和空间集群模式。在许多实证研究中，常常用 Moran's Ⅰ指数和 Geary's C 比率两指标检验全域空间自相关是否显著存在。Moran's Ⅰ指数和 Geary's C 比率两者的不同之处在于：Moran's Ⅰ指数主要用来分析全局空间自相关，然而 Geary's C 比率更适合对局域空间关联进行检验估计。现有的研究文献表明，在全域空间自相关检验中 Moran's Ⅰ指数使用的频率更大，故本节采用空间自相关系数（Moran's Ⅰ）进行城市生态文明的全域空间自相关检验。由于本研究中只用到 Moran's Ⅰ指数进行全域自相关检验，因此这里只介绍 Moran's Ⅰ指数的检验方法。

1. Moran's Ⅰ指数

Moran's Ⅰ指数的定义如下：

$$I = \frac{n\sum_{i=1}^{n}\sum_{j=1}^{n}W_{ij}|x_i - x||x_j - x|}{\sum_{i=1}^{n}\sum_{j=1}^{n}W_{ij}\sum_{i=1}^{n}|x_j - x|^2} \tag{5.1}$$

式中：I 为全局 Moran 指数，x_i、x_j 分别为区域 i、j 中的观察值，x 为各区域的平均值；W_{ij}是单元 i 和 j 的空间关系测度，即空间权重矩阵的元素[86]。由于湖北省 17 个辖区规模差距较大、地理边界不规则、接邻区域复杂，全局空间自相关权重矩阵采用 Queen 二阶近邻空间权重矩阵。

2. Moran's Ⅰ指数的特性

Moran's Ⅰ指数反映空间邻接或空间邻近的区域单元的属性值的相似程度。与相关系数一样，Moran's Ⅰ指数 I 的数值为 -1 和 $+1$ 之间。当 $I>0$ 时，且检验显著时，表示各城市的生态文明水平是正的自相关的，即表明相似的生态文明水平倾向于聚集在一起的地理分布模式；当 $I<0$，且检验显著时，表示各地区的生态文明水平是负的自相关的，即表明不同的属性值（不同的生态文明水平）倾向于聚集在一起；当 Moran's Ⅰ $=0$，且检验显著时，表示随机现象的属性值是随机地、独立地排列；当 $I=1$，且检验显著时，意味着随机现象（城市生态文明）之间存在强烈的正的空间自相关；当 $I=-1$，且检验显著时，则意味着城市生态文明存在强烈的负的空间自相关。

通过绘制全局空间自相关系数的 Moran's I散点图，可以将各个城市的生态文明评价值分为四个象限的集群模式，用以识别各个城市生态文明水平与其邻近城市生态文明的关系：Moran 散点图的第一、二、三、四 4 个象限分别表示四种类型的空间聚集模式：第Ⅰ象限为高—高的聚集模式（H－H：高水平生态文明—高空间滞后，表示生态文明水平较高的城市被生态文明水平较高的邻近城市包围），第Ⅱ象限为低—高的聚集模式（L－H：低水平生态文明—高空间滞后，表示文明水平较低的城市被生态文明水平较高的邻近城市包围），第Ⅲ象限为低—低的空间集群模式（L-L：低水平生态文明—低空间滞后，表示生态文明水平较低的城市被生态文明水平较低的邻近城市包围），第Ⅳ象限为高—低的空间集群模式（H-L：高水平生态文明—低空间滞后，表示生态文明水平较高的城市被生态文明水平较低的邻近城市包围）。其中H-H和L-L为正的空间自相关，L-H和H-L为负的空间自相关。

同时，用标准化统计量Z来检验空间自相关的显著性水平：

$$Z = \frac{I - E(I)}{\sqrt{VAR(I)}} \tag{5.2}$$

根据检验统计量Z的值的大小，可以判断零假设（H_0：所有区域单元的生态文明水平之间相互独立，不存在空间自相关性）的显著性。如果在显著性水平0.05（或0.1）下，服从正态分布的检验统计量Z的绝对值大于临界值1.65（或1.96），则表明在空间分布上，城市生态文明具有显著的空间依赖性。

5.2.2 局域空间自相关检验

空间关联局部模式的识别与检验是空间统计学中探索性空间数据分析（ESDA-exploratory spatial data analysis）的一个重要方面。由于全局空间相关性检验很难发现存在于不同位置区域的空间关联模式，而且当全局空间效应检验不提供全局空间相关的证据时，更加需要采用局部指标来发现可能存在的局部显著空间关联模式。简单地说，全域空间自相关仅仅描述了总体上湖北省城市生态文明建设水平的空间自相关模式，但它可能平均化了城市间的差异，不能具体反映各地区的空间依赖情况，需要采用局域空间关联指标（LISA-local indicators of spatial association）来分析可能存在的局域显著性空间关联。局域空间关联指标有局域 Moran's Ⅰ指数和局域 G 指数。

按照安塞林（1995）[87]的观点，空间相关性局部指标（local indicators of spatial association）指的是满足以下两个条件的任何统计量：一是每个区域空间观测单元的局部指标 LISA 能够给出围绕这个观测的相似值的显著性空间集聚程度的一个表示；二是所有空间区域单元观测的 LISA 之和要和对应的空间自相关全局指标成正比。

1. 局域 Moran's Ⅰ指数

作为局部空间关联指标 LISA 的一个特例，第 i 个观测单元的局域 Moran's Ⅰ指标可定义为如下形式：

$$I_i = \frac{X_i - \bar{X}}{S} \sum_{j=1}^{N} w_{\bar{ij}}(X_j - \bar{X}) \tag{5.3}$$

其中 $S = \sum_{j=1, j \neq i}^{N} X_j^2/(N-1) - \bar{X}^2$。$I_i$ 的显著性可以采用 Bonferroni 标准加以判断。正的 I_i 值表示该区域单元周围相似值（高—高或低—低）的空间集聚，负的 I_i 值表示该区域单元周围非相似值（高—低或低—高）的空间集聚。

在随机分布假设下，根据安塞林的观点，I_i 的期望值和方差分别为：

$$E(I_i) = \frac{-\omega_i}{n-1} \tag{5.4}$$

$$D(I_i) = \frac{\omega_{i(2)}(n-b_2)}{n-1} + \frac{2\omega_{i(kh)}(2b_2-n)}{(n-1)(n-2)} - E^2(I_i) \tag{5.5}$$

其中，$\omega_i = \sum_{j=1}^{n} \omega_{ij}$，$\omega_{i(2)} = \sum_{j, j \neq i}^{n} \omega_{ij}^2$，$\omega_{i(kh)} = \sum_{k, k \neq i}^{n} \sum_{h, h \neq i}^{n} \omega_{ik}\omega_{ih}$。可以得出 I_i 的标准化形式：

$$Z(I_i) = \frac{I_i - E(I_i)}{\sqrt{D(I_i)}} \tag{5.6}$$

则式（5.6）可作为局域 Moran 空间自相关检验的检验统计量。

2. 局域 G 指数

在使用同样的符号，区域观测单位 i 的局部 Geary 统计可以用以下形式来表达：

$$G_i = \sum_{j=1}^{n} \omega_{ij} \times (Z_i - Z_j)^2 \tag{5.7}$$

其中，$Z_i = (Y_i - \overline{Y})$ 和 $Z_j = (Y_j - \overline{Y})$ 是观测值与均值的偏差。

同样，对局部 Geary 指标 G_i 进行假设检验。在一个随机分布假设下，G_i 的期望值和方差分别为：

$$E(G_i) = \frac{\omega_i t_i^2 \cdot n}{n-1} \tag{5.8}$$

$$D(G_i) = \frac{[(n-1)S_{1i} - \omega^2][E_{2i} - F_i^2]}{n-2} \tag{5.9}$$

其中，$\omega_i = \sum_{j=1}^{n} \omega_{ij}$，$S_{1i} = \sum_{j=1}^{n} \omega_{ij}^2$，$F_i = \frac{\sum_{j=1}^{n} (Z_i - Z_j)^2}{n-1}$，$t_i = \sqrt{\frac{\sum_{j=1}^{n} (Z_i - Z_j)^2}{n-1}}$，$E_{2i} = \frac{\sum_{j=1}^{n} (Z_i - Z_j)^4}{n-1}$。

因此，G_i 的合理检验形式为：

$$Z(G_i) = \frac{G_i - E(G_i)}{\sqrt{D(G_i)}} \tag{5.10}$$

检验统计量的值 $Z(G_i)$ 可以根据式（5.10）计算求得，利用 $Z(G_i)$ 值可以对有意义的局部空间相关进行显著性检验。

5.3 湖北省城市生态文明空间效应检验结果

湖北省地处中部地区，下辖 13 个地级市，天门、仙桃和潜江三个省直管市和神农架林区。因天门、仙桃和潜江三个省直管市和神农架林区的数据缺失严重，为更全面地反映湖北省近10年来各地市州绿色发展水平空间关系，考虑到湖北省3个省管市仙桃、潜江和天门为武汉“8+1”城市圈的组成部分，故使用武汉“8+1”城市圈各年评价值替代这3个省管市各年评价值，神农架林区的各年评价值则以“襄十随”城市群的评价值替代。

5.3.1 全局空间自相关分析

在2006~2015年湖北省各地市州生态文明建设水平评价结果的基础上为依据，运用Moran's Ⅰ指数及其散点图来分析湖北省城市生态文明建设水平空间地理上的集群程度。

本节在前述计算基础上，运用GeoDa软件分析计算湖北省2006~2015年间各城市生态文明建设水平评价结果的全局Moran's Ⅰ指数，由于湖北省17个辖区规模差距较大、地理边界不规则、接邻区域复杂，全局空间自相关权重矩阵采用Queen二阶近邻空间权重矩阵，并对10年来的Moran's Ⅰ指数进行了显著性检验。结果（如表5-1所示）表明，所有样本年份的Moran's Ⅰ指数全部为正（系数在0.0806~0.2361间波动），并且均通过P值小于0.1的显著性水平检验，说明湖北省各地市州生态文明建设水平并非处于完全随机状态，而是存在着显著的全局空间集聚效应。从Moran's Ⅰ指数的规律来看，总体上呈现出先增加后下降的态势，表明湖北省城市生态文明建设的空间关联效应在逐渐降低，有不断分化的趋势。

通过Moran's Ⅰ指数测度的结果发现，湖北省城市生态文明建设水平存在着空间相关性，据此进一步用局域Moran's Ⅰ散点图来分析湖北省城市生态文明建设水平存在的局部空间相关性。由图5-1可以看出湖北省城市生态文明建设水平的关联模式，处于 Moran's Ⅰ散点图中第Ⅰ象限的城市代表该城市与其相邻城市的生态文明建设水平均相对较高，为高高聚集区（H－H），呈现出空间扩散的关联模式；处于第Ⅱ象限的城市代表该城市生态文明建设水平低于相邻城市，为低高聚集区（L－H），呈现出

表 5－1　2006～2015 年湖北省城市生态文明建设 Moran's Ⅰ检验

结果	Moran's Ⅰ	E[I]	mean	sd	Z－value	P 值
2006 年	0. 0806	－0. 0625	－0. 0635	0. 1126	1. 2792	0. 093
2007 年	0. 1395	－0. 0625	－0. 0661	0. 1176	1. 7474	0. 036
2008 年	0. 2361	－0. 0625	－0. 0662	0. 1109	2. 7258	0. 002
2009 年	0. 2290	－0. 0625	－0. 0618	0. 1039	2. 6520	0. 003
2010 年	0. 0906	－0. 0625	－0. 0676	0. 1137	1. 3909	0. 082
2011 年	0. 1363	－0. 0625	－0. 0595	0. 1097	1. 7854	0. 037
2012 年	0. 1268	－0. 0625	－0. 0686	0. 1116	1. 7510	0. 036
2013 年	0. 1007	－0. 0625	－0. 0623	0. 1118	1. 4576	0. 062
2014 年	0. 1006	－0. 0625	－0. 0662	0. 1137	1. 4671	0. 060
2015 年	0. 1065	－0. 0625	－0. 0681	0. 1134	1. 5390	0. 053

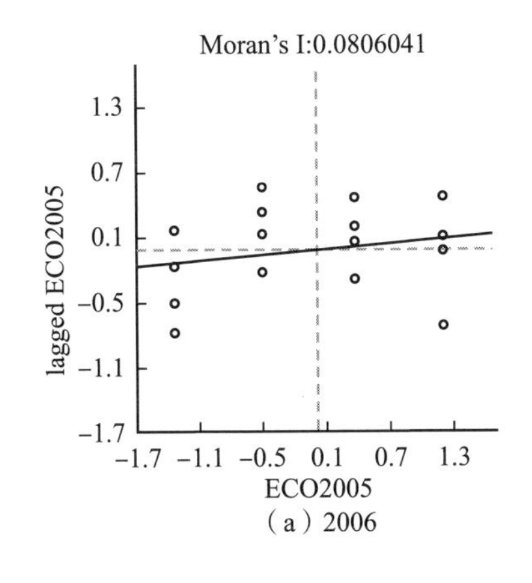

（a）2006

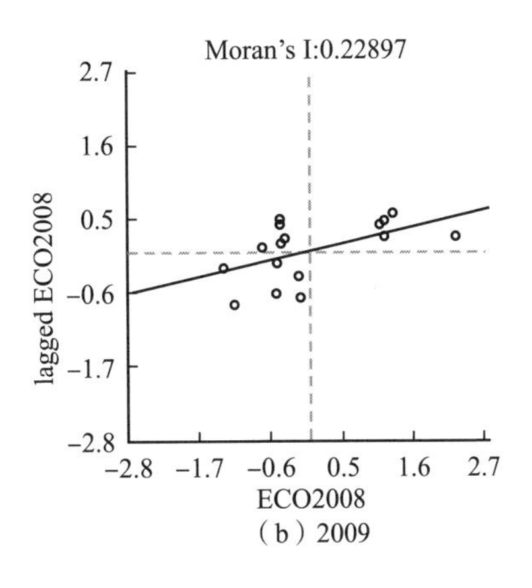

（b）2009

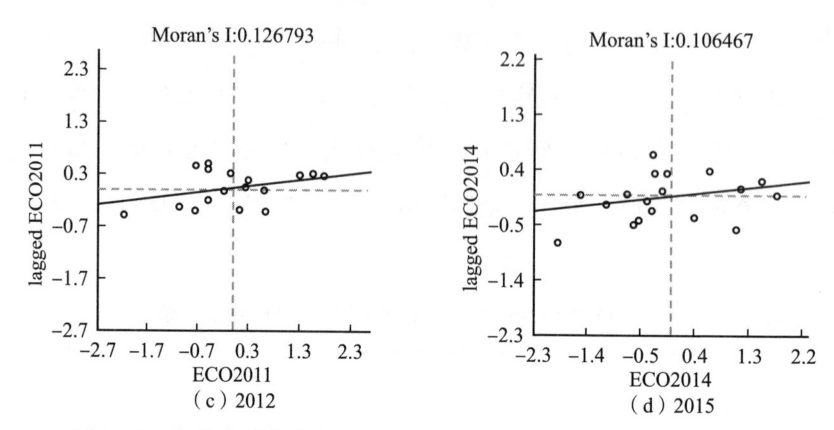

图 5－1　湖北省城市生态文明建设水平空间分布 Moran's I 散点图

空间过渡的关联模式；处于第Ⅲ象限的城市代表该城市与其相邻城市的生态文明建设水平均相对较低，为低低聚集区（L－L），空间关联模式为缓慢增长；处于第Ⅳ象限的城市代表该城市生态文明建设水平高于相邻城市，为高低聚集区（H－L），呈现出空间极化的关联模式。

据此，可将观测的 17 个城市划分为 4 种类型，如表 5－2 所示，可以直观地看出湖北省城市生态文明建设水平的空间关联特征。结合图 5－1 可以看出，湖北省大部分城市分布于 H－H 和 L－L 组内，所列出的年份中，处于这两组的城市比例分别达到了 70.6%、64.7%、64.7% 和 58.8%，即这些城市的生态文明建设水平在地理空间存在着显著的正相关性，表明生态文明建设水平相对较高和相对较低的城市分布较为集中。

表 5－2　　湖北省主要年份生态文明建设水平空间聚类表

年份	2006	2009	2012	2015
高—高（H－H）	随州、十堰、神农架、武汉、黄冈、荆门、宜昌（7）	随州、十堰、神农架、武汉、宜昌（5）	随州、十堰、神农架、黄冈、武汉、宜昌（6）	随州、十堰、神农架、武汉（4）

续表

年份	2006	2009	2012	2015
低—高（L－H）	恩施、天门、潜江、仙桃（4）	恩施、荆门、天门、潜江、黄冈、仙桃（6）	荆门、恩施、天门、潜江（4）	宜昌、荆门、恩施、天门、潜江（5）
低—低（L－L）	孝感、黄石、鄂州、襄阳、荆州（5）	孝感、黄石、鄂州、襄阳、咸宁、荆州（6）	荆州、仙桃、鄂州、孝感、黄石（5）	荆州、仙桃、鄂州、黄冈、孝感、黄石（6）
高—低（H－L）	咸宁（1）	—	咸宁、襄阳（2）	咸宁、襄阳（2）

具体来看，高—高集聚区（H－H）。随州、十堰、武汉、神农架林区这4个城市在所列举的4个年份中均处于这一区域，宜昌则出现了三次，黄冈有2个年份处于这个区域，荆门仅出现1次。该区域和相邻区域生态文明建设水平相对较高，处于良性发展态势，在自身生态文明建设提升的同时表现出良好的扩散趋势，扩散效应正在不断带动周边地区生态文明建设水平的提升，小片区域内的差距有所缩小。

低—高（L－H）聚集区。恩施、天门、潜江这3个城市在所列举的4个年份均处于该区域，荆门则有3个年份处于该区域，仙桃有2个年份处于这个区域，宜昌则是在2015年出现在此聚集区。荆门、恩施、天门、潜江这4个城市提升生态文明的潜力较大，它们与H－H区的随州、十堰、宜昌、武汉相邻，其生态文明建设过程中既要承担周边H－H区由于产业分工、承接产业转移导致的资源环境压力，也迎来了利用H－H区生态文明建设的辐射和扩散效应带来的机遇。荆门响应系统较好，产业绿色高端发展势头良好，但由于重化工产业布局较多，压力系统和状态系统整体表现较差，发生了从H－H区向H－L区的位移。黄冈绿色生态环境较好，状态系统表现较好，但响应系统得分较低，压力系统得分优势不明显，易向 H－L 区位移。恩施状态系统良好，近年来，社会经济的快速发展，压力系统表现出不断退步的态势，易向 L－L 区位移。宜昌从高—高聚集区跃迁到低—高聚集区，说明宜昌生态文明建设水平较高，但存在下行风险，宜昌要进一步降低压力系统对生态文明建设的约束，促进绿色创新发展。

低—低（L－L）聚集区。孝感、荆州、黄石、鄂州、仙桃等城市主要位于该区域。该区域受 H－H 区辐射影响逐渐减弱。孝感、荆州、黄石、鄂州、仙桃等城市，压力系统和响应系统表现整体较差，产业结构对资源能源依赖较大，生态环境排放规模较大、强度较高，提升这些城市的各系统表现刻不容缓。

高—低（H－L）聚集区。在 2009 年分析年份中，湖北省均无城市位于此集聚区。其余 3 个分析年份中，咸宁、襄阳主要位于该聚集区。咸宁和襄阳市状态系统表现较好，但襄阳市压力系统和响应系统不显著，对周边区域辐射带动作用不强，咸宁市压力系统和响应系统提升潜力较大，有较大发展空间。鄂州状态系统趋于改善，响应系统发展势头良好，对其相邻区域生态文明建设空间扩散效应得到增强，其空间位置从 L－L 区跃迁到 H－L 区。

5.3.2　局域空间自相关分析

为了深入研究城市生态文明具体各城市的空间依赖情况，还需要对其进行局域空间自相关检验。由于 Moran 散点图没有给出城市生态文明局域显著性水平的具体数值，城市集聚地图和显著性可以直观地说明局部城市的空间相关性及其显著性，同时也可为“俱乐部收敛”提供证据，因此有必要通过进一步测算局域空间自相关 LISA 的局域统计值和显著性水平。为此，对湖北省城市生态文明水平进行了局域空间关联指标（LISA－local indicators of spatial association）分析。为了识别2006～2015年各城市生态文明在局域空间上集群的格局，本研究把重点放在了显著性水平较高的局域空间集群指标的考察上。以下分别从2006年、2009年、2012年和2015年四个时间点展开分析。

图5－2、图5－4、图5－6和图5－8分别是2006年、2009年、2012年和2015年湖北省17个城市生态文明水平的局域空间自相关LISA显著性地图，生态文明水平局域空间自相关检验表现显著的LISA城市是用不同颜色标识出来的对应与Moran散点图不同象限的城市，深绿色区域表示通过了1%的局域空间自相关显著性检验；浅绿色区域表示通过了5%显著水平检验；灰色区域表示没有通过局域空间自相关显著性检验。图5－3、图5－5、图5－7和图5－9分别是2006年、2009年、2012年和2015年湖北省17个城市生态文明水平的局域空间自相关LISA集群图，其中红色的区域（H－H：高生态文明水平—高空间滞后）代表了高生态文明水平的城市被生态文明水平高的城市所包围，为高的生态文明集群城市；蓝色的区域（L－L：低生态文明水平—低空间滞后）代表了低生态文明水平的城市被生态文明水平低的城市所包围，为低的生态文明集群城市；浅紫色的区域（L－H：低生态文明水平—高空间滞后）代表了低生态文明水平的城市被生态文明水平高的城市所包围，为生态文明的空间离群城市；粉色区域（H－L：高生态文明水平—低空间滞后）代表了高生态文明水平的城市被生态文明水平低的城市所包围，为生态文明的空间离群城市；灰色区域是空间效应不显著区域。

2006年：图5－2和图5－3表明，2006年，黄石市的生态文明水平通过了1%水平的显著性检验，襄阳市、十堰市和鄂州市共有3个城市的生态文明水平通过了5%的显著性水平检验；十堰市位于H－H型高值集聚区；襄阳市、鄂州市和黄石市3个城市位于L－L型低值集聚区；L－H型空间离群区和H－L类型局部空间自相关缺乏。

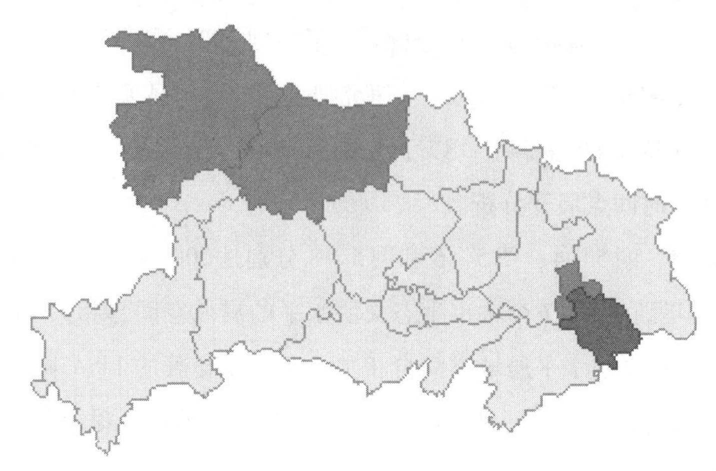

图 5 - 2　基于 Queen 二阶空间权重矩阵的 LISA 显著性地图 - 2006 年

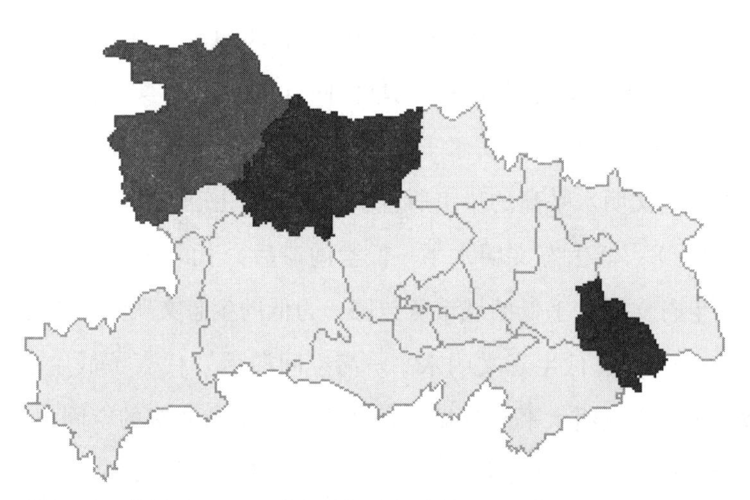

图 5 - 3　基于 Queen 二阶空间权重矩阵的 LISA 集聚地图 - 2006 年

2009 年：图 5 - 4 和图 5 - 5 表明，2009 年，黄石市的生态文明水平通过了 1% 水平的显著性检验，十堰市和鄂州市 2 个城市的生态文明水平通过了 5% 的显著性水平检验；襄阳市、鄂州市和黄石市 3 个城市位于 L - L 型低值集聚区；H - H 型高值集聚区、L - H 型空间离群区和 H - L 类型局部空间自相关缺乏。

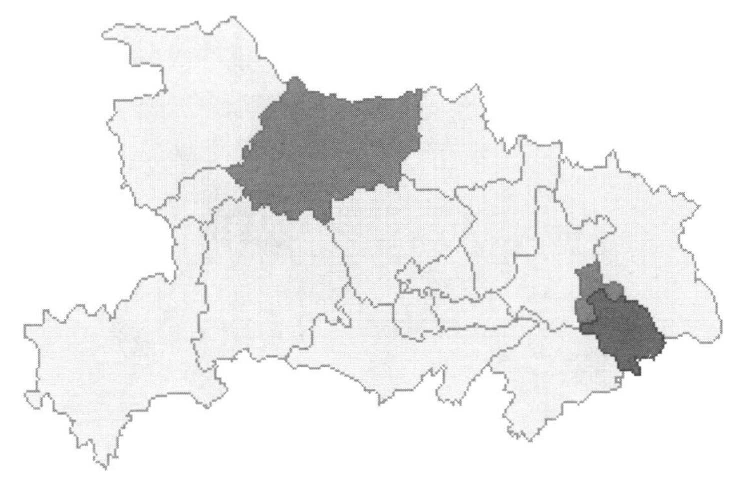

图5－4 基于Queen二阶空间权重矩阵的LISA显著性地图－2009年

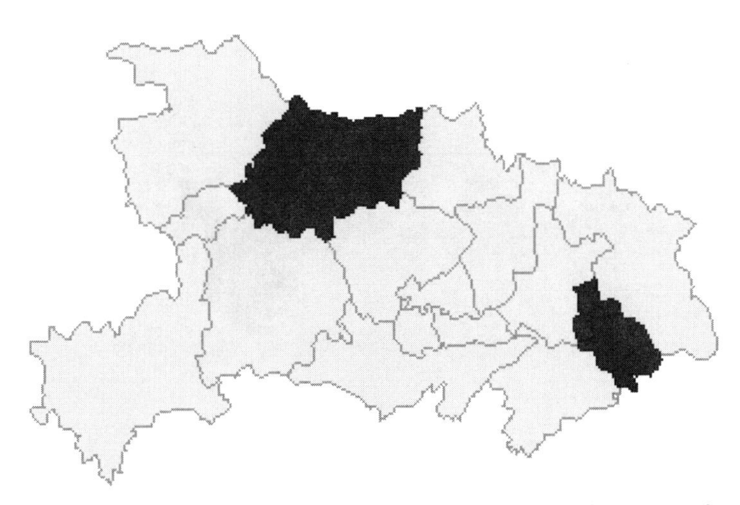

图5－5 基于Queen二阶空间权重矩阵的LISA集聚地图－2009年

2012年：图5－6和图5－7表明，2012年，孝感市的生态文明水平通过了5%的显著性水平检验；孝感市位于L－L型低值集聚区；H－H型高值集聚区、L－H型空间离群区和H－L类型局部空间自相关缺乏。

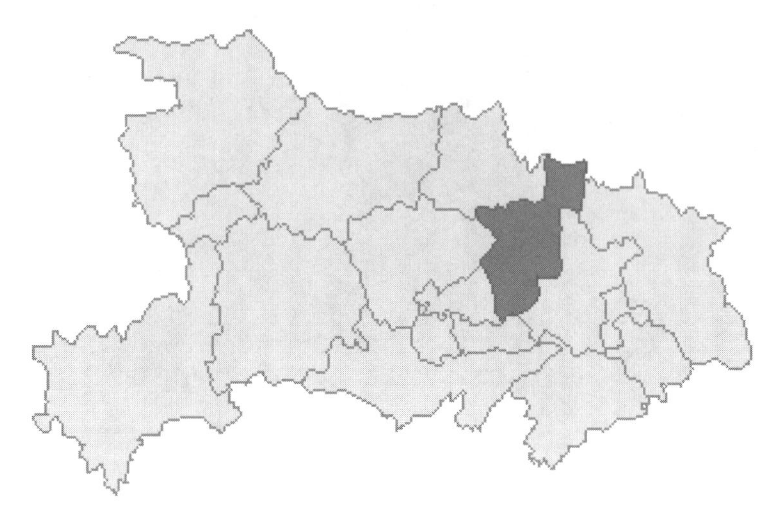

图 5－6　基于 Queen 二阶空间权重矩阵的 LISA 显著性地图－2012 年

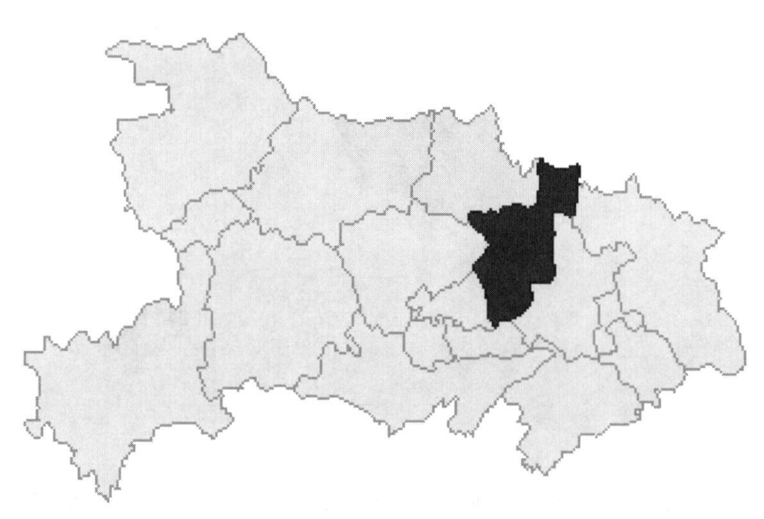

图 5－7　基于 Queen 二阶空间权重矩阵的 LISA 集聚地图－2012 年

2015 年：图 5－8 和图 5－9 表明，2015 年，黄石市、孝感市和仙桃市 3 个城市的生态文明水平通过了 5% 的显著性水平检验；孝感市和黄石市 2 个城市位于 L－L 型低值集聚区；仙桃市位于 L－H 型空间离群区；H－H 型高值集聚区和 H－L 类型局部空间自相关缺乏。

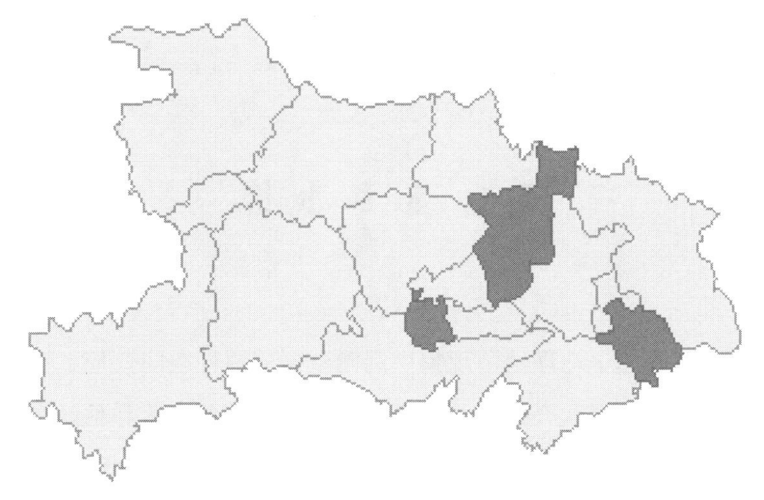

图5-8 基于Queen二阶空间权重矩阵的LISA显著性地图-2015年

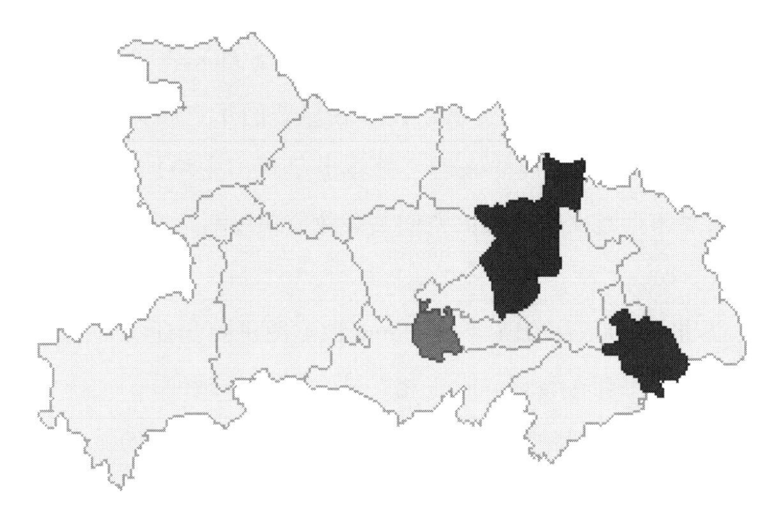

图5-9 基于Queen二阶空间权重矩阵的LISA集聚地图-2015年

综合分析局域LISA集聚图及LISA显著性图（见图5-2~图5-9）发现，湖北省生态文明水平区域空间分布上已形成一个典型的集聚区域：即是以黄石市和孝感市为中心，与周边的咸宁、天门、潜江等城市组成的低水平生态文明水平的空间集群区域。各高水平的生态文明建设水平集聚区域表现不突出。

5.4 本 章 小 结

本章首先介绍了地理经济现象中观测数据的两种空间效应：空间依赖性和空间异质性。其次介绍了观测数据空间依赖性的检验和估计方法，给出了全局和局域空间自相关检验的检验统计量的表达式和相应的显著性检验。最后对湖北省 2006 ~ 2015 年 17 个城市的生态文明建设水平进行了空间相关性检验，结果表明：

（1）湖北省 17 个城市 2006 ~ 2015 年的全局 Moran's Ⅰ检验值均显著为正，说明湖北省城市生态文明建设存在显著的正自相关的空间关联模式，从 Moran's Ⅰ指数的规律来看，总体上呈现出先增加后下降的态势，表明湖北省城市生态文明建设的空间关联效应在逐渐降低，有不断分化的趋势。

（2）湖北省 2006 ~ 2015 年的 Moran 散点图进一步证实了湖北省城市生态文明建设水平存在显著空间正相关性（空间依赖性），大部分城市与其邻近城市表现出相似的集群特征，高生态文明建设水平的城市被高水平生态文明建设水平的城市包围，低水平生态文明建设的城市被低水平生态文明建设的城市所包围。

（3）城市生态文明建设水平的局域空间自相关检验（LISA 检验）结果表明湖北省生态文明水平区域空间分布上已形成一个典型的集聚区域：即是以黄石市和孝感市为中心，与周边的咸宁、天门、潜江等城市组成的低水平生态文明水平的空间集群区域。而高水平的生态文明建设集聚区域表现不突出。

第 6 章
湖北省生态文明影响因素分析

随着湖北省城市化和工业化进程的快速推进，过度追求经济快速使湖北省面临着严峻的资源环境问题。湖北省范围内也逐渐凸显各种环境恶化的现状，雾霾的蔓延、江河的污染迫使人们不得不重视经济与资源环境协调发展的问题，也不断敦促着政府加大生态文明建设的力度。然而要提高湖北省生态文明建设水平首先要弄清楚影响湖北省城市生态文明建设水平的因素有哪些？各因素对生态文明建设的作用机理如何？弄清这些问题才能对症下药，找到适当的政策措施提升湖北省城市生态文明建设的水平，缓解经济发展所面临的资源环境约束，促进生态文明建设持续推进。

第 1 章的文献综述表明我国对生态文明建设的研究大多是生态文明建设水平评价指标体系的建立和评价方法的探讨，现有文献对生态文明的影响因素研究很少。从研究方法上看，对生态文明建设水平的影响因素的实证分析较少，缺乏对生态文明建设空间效应的考虑。经典的计量分析模型假定样本之间是相互独立的。然而第 5 章的分析结果表明湖北省城市生态文明建设水平存在显著的空间相关性。空间相关性的存在使得传统计量分析的结果与实际有偏差，空间统计和空间经济计量模型研究如何将空间相互作用和空间结构并入回归分析中，能更好地描述客观现实。

鉴于以上分析，本章工作主要分为两大部分：第一部分是定性分析经济发展、城镇化、产业结构等因素对城市生态文明建设的影响机理，为第二部分实证分析奠定理论基础；第二部分将城市生态文明建设的空间效应纳入城市生态文明建设影响因素的计量分析框架，运用空间计量经济模型分析城市生态文明建设的影响因素，为第一部分的理论分析给予实证检验。

6.1 空间计量模型介绍

6.1.1 空间计量模型

厄尔霍斯特（Elhorst，2003）[88]把空间面板数据模型分成四类：空间固定效应模型、空间随机效应模型、空间固定系数模型和空间随机系数模型，并给出了每个模型的对数似然函数，还分析了 ML 估计量的渐进性质。空间计量经济学模型有很多种类型，其中空间滞后模型和空间误差模型是空间计量经济学的两个最基本的模型：

空间滞后模型（SLM）主要是探讨各变量在一个地区是否有扩散现象（溢出效应），其表达式为：

$$Y_{it} = \delta \sum_{j=1}^{N} w_{ij} y_{jt} + x_{it}\beta + \mu_i + \varepsilon_{it} \tag{6.1}$$

空间滞后模型表明本城市的生态文明建设水平不仅受到核心外生变量的影响，还受到临近城市生态文明建设水平的影响。如果设置的空间滞后模型正确并且通过了各种显著性检验，则表明城市间的生态文明建设水平存在着空间效应，各城市的生态文明建设水平在地理空间上存在着显著的空间交互作用或空间的相互影响。

空间误差模型（SEM）与空间滞后模型存在一个显著的差异，这个差异就是空间误差模型假设空间效应存在于扰动误差项中。SEM的空间依赖作用于扰动误差项，度量了邻接地区关于因变量的误差冲击对本地区观测值的影响程度。其表达式为：

$$Y_{it} = x_{it}\beta + \mu_i + u_{it}$$

$$u_{it} = \lambda \sum_{j=1}^{N} w_{ij} u_{jt} + \varepsilon_{it} \tag{6.2}$$

式（6.1）和（6.2）中的δ与λ分别为空间回归系数与空间误差系数。δ反映了样本观察值的空间依赖性，λ为被解释变量的空间自相关系数，反映了邻接地区残差项对于本地区残差项的影响程度。Y_{it}表示各空间单元（$i=1, \cdots, N$）的解释变量在时间t时（$t=1, \cdots, T$）的观测值所组成的$N\times 1$阶因变量；X_{it}表示$N\times K$阶解释变量矩阵的要素；W_{ij}表示$N\times N$阶非负空间权重矩阵的元素。

综合的空间Durbin模型能充分整合SLM和SEM两模型的特点[90]。具体地，空间Durbin模型的具体形式为：

$$\ln e_{it} = \lambda \sum w_{ij} e_{jt} + \sum w_{ij} X_{jt} \theta + \alpha_i + \gamma_t + \varepsilon_{it} \tag{6.3}$$

Durbin模型实际上是将各解释变量的空间滞后项引入了SLM中[90]。因而，若$\theta=0$，则空间Durbin模型退化为SLM；若$\theta+\lambda\beta=0$，则空间Durbin模型简化为SEM。在实证分析中，可以利用不同种类的LM统计量来检验应使用哪种空间计量模型进行估计。

近些年来在计量方法上基于面板数据的计量经济模型的设定和估计引起了人们的极大兴趣，并成为了学者们关注的焦点之一。有些学者将空间计量方法扩展到了面板数据，如安塞林、厄尔霍斯特[87,88]等。本节主要介绍两个基于固定效应的空间滞后模型和空间误差模型。

1. 基于固定效应的空间滞后模型

固定效应模型的空间滞后模型可以表示如下形式：

$$Y_t=\rho WY_t+X_t\beta+\mu_t+u$$
$$\mu_t\sim N(0,\ \sigma^2 I_n) \tag{6.4}$$

其中，$t=1, 2, \cdots, T$；Y_t 是第 t 个时间点的 n 个截面数据的因变量，X_t 是第 t 个时间点的 n 个截面数据的解释变量，u 是回归方程中的个体效应，μ_t 是服从正态分布的随机误差项。W 为空间权重矩阵，β 为关于解释 X_t 的回归系数，ρ 为需要估计的参数，代表某一地区的因变量 Y_t 受邻近地区的因变量的影响程度。

2. 基于固定效应的空间误差模型

固定效应模型的空间误差模型可以表示如下形式：

$$Y_t=X_t\beta+\varepsilon_t+u$$
$$\varepsilon_t=\lambda W\varepsilon_t+\mu_t$$
$$\mu_t\sim N(0,\ \sigma^2 I_n) \tag{6.5}$$

式（6.5）中与式（6.4）中相同变量代表同样的含义，λ 为需要估计的参数，代表某一地区的随机误差项 ε_t 受邻近地区的随机误差项的影响程度。

6.1.2 空间计量模型的估计

不同类型的空间计量模型，其估计方法也是不同的。由于本节只用到基于面板数据的空间滞后模型（5.4）和空间误差模型（5.5），故只介绍这两类模型（5.4）和（5.5）的估计方法。空间回归模型的解释变量具有内生性，传统的最小二乘估计（OLS）会导致回归模型的系数估计出现偏差或无效，因此 OLS 不再适用。需要利用其他的估计方法进行估计，常用的方法有：GLS（广义最小二乘估计）、IV（工具变量估计）、ML

（最大似然估计）和GMM（广义矩阵估计）等。各种估计方法都有自身的优缺点，本节选用安塞林（Anselin）建议的最大似然估计法对模型（6.4）和（6.5）进行估计。

下面，先介绍基于固定效应的面板数据空间滞后模型的极大似然估计原理和过程。为了估计固定效应的空间滞后模型的参数β和ρ首先要去掉个体效应u，将式（6.4）进行变形，提取因变量，可得，

$$(1-\rho W)Y_t = X_t\beta + \mu_t + u \tag{6.6}$$

将所观测的所有时间段的结果进行整合，并除以所测度的时间数值，求其平均值，式（6.6）变为，

$$(1-\rho W)\overline{Y} = \overline{X_t\beta} + \overline{\mu_t} + \overline{u} \tag{6.7}$$

由式（6.6）和式（6.7）可知：

$$(1-\rho W)(Y_t-\overline{Y}) = (X_t-\overline{X})\beta + (\mu-\overline{\mu}) \tag{6.8}$$

由于μ服从正态分布，因此其平均值$\overline{\mu}$也服从正态分布，继而（$\mu-\overline{\mu}$）也服从正态分布。而μ_t的期望值为0，所以（$\mu-\overline{\mu}$）的期望值也为0。

又由于，

$$Var(\mu_t-\overline{\mu}) = E[(\mu_t-\overline{\mu})^2]$$

$$=\begin{Bmatrix} E[(\mu_{t1}-\overline{\mu_{t1}})^2] & 0 & \cdots & 0 \\ 0 & E[(\mu_{t1}-\overline{\mu_{t1}})^2] & & 0 \\ \vdots & 0 & \ddots & \vdots \\ 0 & 0 & \cdots & E[(\mu_{t1}-\overline{\mu_{t1}})^2] \end{Bmatrix}$$

可知，

$$E[(\mu_{t1}-\overline{\mu_{t1}})^2] = E[(\mu_{ti}-\overline{\mu_{ti}})^2] = \frac{T-1}{T}\sigma^2$$

所以，

$$Var(\mu_t-\overline{\mu}) = \frac{T-1}{T}\sigma^2 I_n$$

由此可得，$\mu_t - \bar{\mu} \sim N(0,\ \tilde{\sigma}^2 I_n)$，其中，$\tilde{\sigma}^2 = \frac{T-1}{T}\sigma^2$

令 $\tilde{Y}_t = Y_t - \bar{Y}$，$\tilde{X}_t = X_t - \bar{X}$，结合式 6.8 可得，

$$\tilde{Y}_t \sim N((1-\rho W)^{-1}\tilde{X}_t\beta,\ \tilde{\sigma}[(1-\rho W)^{-1}]^2)$$

因此，单个 $\tilde{Y}_t$的似然函数为：

$$L(\tilde{Y}_t|\rho, \beta, \tilde{\sigma}^2) = \frac{1}{(2\pi)^{\frac{n}{2}}\left|\sum\right|^{1/2}}E\left\{-\frac{1}{2\tilde{\sigma}^2}[(1-\rho W)\tilde{Y}_t - \tilde{X}_t\beta]'\right.$$

$$\left.[(1-\rho W)\tilde{Y}_t - \tilde{X}_t\beta]\right\}$$

其中，$\sum = \tilde{\sigma}^2[(1-\rho W)^{-1}]^2$。

所以，在 $\tilde{Y}_t$相互独立的假设前提下，关于 $\tilde{Y}_t$联合分布的似然函数为：

$$L(\tilde{Y}_1,\ \tilde{Y}_2,\ \cdots,\ \tilde{Y}_T|\rho,\ \beta,\ \tilde{\sigma}^2) = \left(\frac{1}{(2\pi)^{\frac{n}{2}}\left|\sum\right|^{1/2}}\right)^T E$$

$$\left\{-\frac{1}{2\tilde{\sigma}^2}\sum_{t=1}^{T}[(1-\rho W)\tilde{Y}_t - \tilde{X}_t\beta]'[(1-\rho W)\tilde{Y}_t - \tilde{X}_t\beta]\right\}$$

取对数后公式变换为：

$$\mathrm{Ln}(L) = -\frac{nT}{2}\ln(2\pi\tilde{\sigma}^2) + T\ln|1-\rho W|$$

$$-\frac{1}{2\tilde{\sigma}^2}\sum_{t=1}^{T}[(1-\rho W)\tilde{Y}_t - \tilde{X}_t\beta]'[(1-\rho W)\tilde{Y}_t - \tilde{X}_t\beta]$$

假定上式中仅有 $\tilde{\sigma}^2$ 为未知参数，则可得上式的极大化条件：

$$\tilde{\sigma}^2 = \frac{\sum_{t=1}^{T}[(1-\rho W)\tilde{Y}_t - \tilde{X}_t\beta]'[(1-\rho W)\tilde{Y}_t - \tilde{X}_t\beta]}{nT}$$

对于这个极大化条件的问题，我们可以采用一个安塞林的重复迭代的过程来处理。

基于固定效应的空间误差模型的估计同样可以采用上面类似的方法进行推导。

6.1.3　模型选择方法

空间相关性检验是空间计量模型建立的前提. 常用的空间自相关检验方法有 Moran's Ⅰ、LM - lag、LM - err、Robust LM - lag、Robust LM - err 等。但这些空间相关性检验方法都是针对截面回归模型提出的，不能直接用于面板数据模型。

空间计量模型考虑指标数据的空间效应，基于截面数据空间计量模型的数据量少，导致自由度过低，而面板数据模型既考虑了时间因素又考虑了截面因素。本节为了充分发挥截面空间计量模型和普通面板数据模型的优点，将建立基于面板数据的空间计量模型对湖北省生态文明建设水平的影响因素进行实证研究。

面板数据的空间计量模型很多：空间计量模型主要有空间滞后模型（SLM）和空间误差模型（SEM），而面板数据又有随机效应模型（REM）和固定效应模型（FEM）之分，固定效应模型又分为时间固定效应、个体固定效应和时间个体双固定效应。因此在建立基于面板数据的空间计量模型还要先选择适当的模型。

在选择空间滞后模型或空间误差模型的方法上，目前通行做法是：先不考虑空间相关性的约束，用 OLS 方法进行回归分析的同时对模型进行空间相关性检验，观察 LM - lag 和 LM - err 的显著性，如果 LM - lag 和 LM - err 只有一个显著，则经检验显著的模型是恰当的选择；如果 LM - lag 和 LM - err 均不显著，则选择 OLS 进行回归分析；如果 LM - lag 和 LM - err 均显著，则要考察 Robust LM - lag 和 Robust LM - err 的显著性；如果 Robust LM - lag 较 Robust LM - err 更显著，则选择空间滞后模型，否则要选择空间误差模型[91]。瑞（Rey）利用蒙特卡罗实验方法证明，这种方法能够为空间计量经济模型的选择提供很好的指导。

而在选择固定效应或随机效应的方法上，目前通行的做法是先用固定效应计量模型估计，然后进行似然比 LR 检验，若 LR 检验统计量的 P 值（显著性水平）大于0.05，则选择固定效应模型，或者先用随机效应的计量模型估计，然后进行 Hausman 检验，若检验统计量的 P 值（显著性水平）大于0.05，则接受选择随机效应模型。

6.2 生态文明建设影响因素机理分析

目前专门系统论述生态文明建设水平影响因素的文献不多。生态文明建设的内涵丰富，从《生态文明建设考核目标体系》来看，生态文明考评主要涉及资源能源的利用、生态环境保护、经济发展质量和绿色生活等方面。因此从生态文明评价的内容和要求来看，要探究影响城市生态文明建设水平的因素应该从生态文明建设的主要任务，即经济转型发展、产业结构优化升级、新型城镇化等方面出发探究各因素对生态文明建设水平的影响机理[91-93]。从本节构建的生态文明建设水平的评价指标体系来看，也包含了研究城市经济发展、城镇化进程、资源消耗和环境影响等众多方面。因此，本节内容将探究经济发展水平、产业结构、城镇化进程、规模以上工业企业、建筑业五个方面的影响因子对城市生态文明建设水平的影响，进而研究上述影响因子对城市生态文明建设的作用机理。

6.2.1 经济发展水平

经济发展水平是指一个国家经济发展的规模、速度所达到的水准，是衡量经济发展状态、潜力的标志[94-97]。反映一个国家经济发展水平的常用指标有国内生产总值、国民收入、人均国民收入、经济发展速度、经济增长速度等。

经济增长对生态文明的影响体现在三个方面：一是经济增长对资源能源的消耗。经济活动是人类开发利用自然资源以满足物质和文化需要的活动，伴随着经济的发展，我国资源能源的需求消耗一直呈现上升的趋势，并且由于技术的原因，资源能源的消耗长期存在着浪费和效率低下的现象，这严重制约了生态文明建设。二是经济增长对生态环境的破坏。改革开放以来，我国经济以较高的速度持续增长，这种高速增长的经济是以牺牲生态环境为代价换取的，经济快速发展使得环境所接受的废弃物的种类和数量超过其自净能力后，环境质量将急剧降低，影响到资源的存量水平和质量水平，导致资源破坏、环境污染，乃至生态系统的恶性循环，成为了阻碍生态文明建设的重要一环。三是经济发展促进了技术进步。随着经济的发展，更多的资金投入新产品、新技术的研发，从而提高生产的工艺技术水平，提高资源的利用率，降低资源消耗，有助于生态文明建设的推进。同时随着技术水平的提升，污染治理技术得以发展，使产生的污染物得到更好的治理，从而减少污染物排放量，提高环境质量[98~99]。

综上所述，经济发展主要通过对资源能源、生态环境和技术进步三个方面影响着生态文明建设（如图6－1所示）。

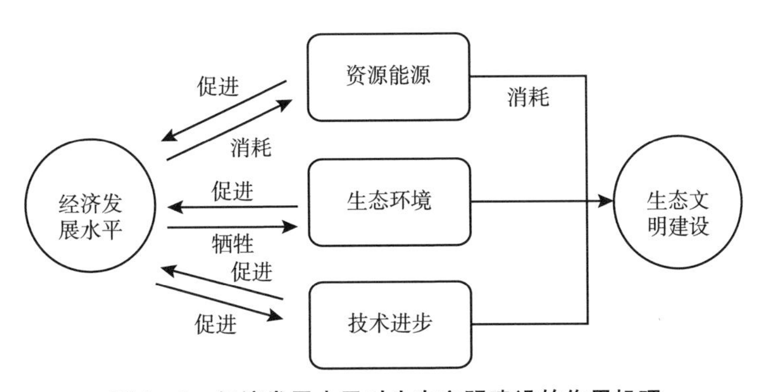

图6－1　经济发展水平对生态文明建设的作用机理

6.2.2 产业结构

产业结构是指各产业的构成以及各产业之间的联系和比例关系，中国从落后的农业国发展成为“世界工厂”和全球第二大经济体，是产业结构不断优化与升级的结果，生产要素在不同部门的重新转移配置和合理有机协调、在同一部门的技术进步和效率升级保证了中国经济的持续高速增长。反映产业结构的指标有第三产业占比、产业高度化和产业合理化等[100-101]。

产业结构对生态文明的影响主要体现在三个方面：一是我国工业化进程的推进，导致产业结构逐渐偏向以第二产业为主，第二产业比重大幅上升，导致了大量的资源能源消耗。在工业化初级阶段，我国作为后发经济体，以高投资和高能耗的粗放型发展模式，换取工业和经济的高速增长，具有一定时代阶段性和战略必要性。但也因此对资源能源形成了过度消耗。以能源为例，我国从20世纪50年代开始的快速工业化与城镇化已经极大地改变了我国的生产面貌，同时也使我国的能源消费水平得到了很大提升。尤其在进入21世纪之后，中国的能源消费总量开始实现快速增长，2001～2014年全国的能源消费总量从15.6亿吨标准煤增长至42.7亿吨标准煤，年均增长率高达9%（如图6-2所示），相比于同期世界上其他国家的年均能源消费增长率2.8%高出了6个百分点。

二是高投资和高能耗的产业结构导致了高排放和高污染，对环境产生了巨大的冲击和破坏。2014年中央经济工作会议特别提出，中国环境承载能力已达到或接近上限，在国家重点环保的三区十群中，工业烟尘、工业粉尘的排放量及排放强度均较高。2014年，三区十群的烟（粉）尘排放量为762.5万吨，全国排放量的43.8%来源于该区域。其中，京津冀、长三角、珠三角的烟粉尘排放量为199.5万吨、128.5万吨、21.6万吨，单位面积排放强度为9.1吨/平方公里、6.1吨/平方公里、4.0吨/平方公里（如图6－3所示）。工业污染排放不仅破坏了大江大河的环境，也影响着大型湖泊、水库的水质。与此同时，过多的人为开发和生活污水的无节制排放也造成了我国大型湖泊、水库的不同程度的污染。

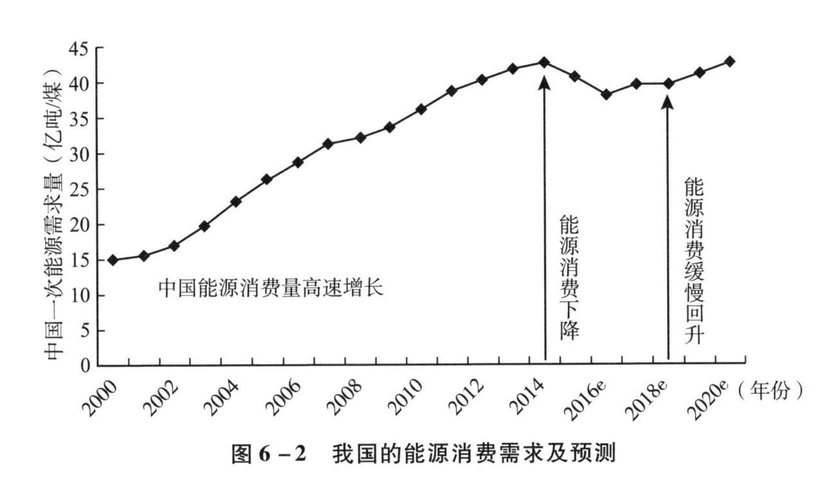

图6－2　我国的能源消费需求及预测

资料来源：《中国统计年鉴》（2001～2015）。

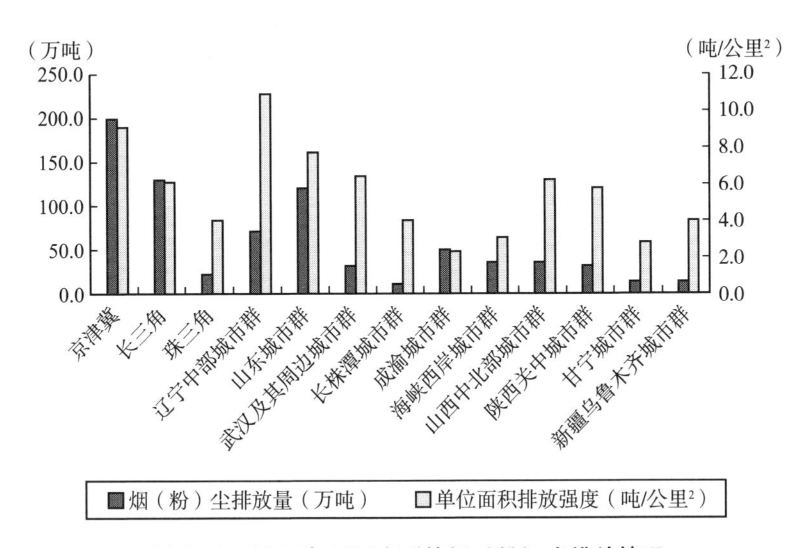

图6－3　2014年三区十群的烟（粉）尘排放情况

资料来源：中国环境保护部。

三是高投资和高能耗的产业结构产生了高工业排放和工业高污染，对生态系统造成了巨大的压力。中国仅用了30年就走过了发达国家100多年的工业化历程，在如此快速的工业化进程中，经济发展的主要支撑点集中在工业和制造业，因此需要较大规模地开采以及使用矿产和化石能源，长时间积累起来了大量工业废弃物如废气、废水等表现出的扩散效应超出了自然生态系统的自净能力，这些工业污染物也通过各种方式影响着生态，破坏或降低了生态的恢复力和生产力。

综上所述，产业结构主要通过对资源能源、环境和生态三个方面的消耗和破坏造成了严峻的资源能源安全形势、环境污染和生态破坏等问题影响着生态文明建设[102~105]（如图6－4所示）。

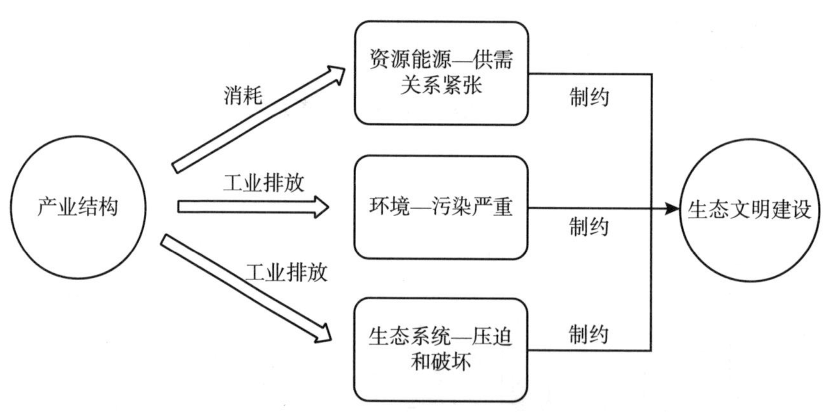

图6－4　产业结构对生态文明建设的作用机理

6.2.3　新型城镇化

现有定义基本上是将人、经济、社会、环境、城乡一体化向良好状态的动态演进过程视为新型城镇化定义的要义。如，胡际权指出，所谓的新型城镇化，是体现以人为本、全面协调可持续发展的科学理念，以发展集约型经济与构建和谐社会为目标、以市场机制为主导、大中小城市规模适度、布局合理、结构协调、网络体系完善与新型工业化、信息化和农业现代化互动、产业支撑力强、就业机会充分、生态环境优美、城乡一体的城镇化发展道路[106~107]。衡量新型城镇化的指标通常有人口城镇化、经济城镇化、社会城镇化等。

新型城镇化对生态文明的影响主要体现在三个方面：一是新型城镇化促进了人口、土地利用、空间布局、产业布局以及区域政策协调。长期以来，传统城镇化进程中产业集中与人口集中不匹配，城市在大规模集聚产业的同时，并没有起到同比例大规模集聚人口的作用，城镇化与工业化的不协调，导致我国人口分布与经济活动严重背离，不利于人们在城市中安居乐业。此外，人口、产业向城市大规模集聚，城市规模急剧膨胀，城市空间“摊大饼式”蔓延，大部分城市生活、生产空间得到很大程度的扩张，城市生态空间被迫缩减、甚至破坏消失，城市“三生空间”没有得到有效融合，部分大城市的资源环境承载力日益趋紧。而新型城镇化道路将有效地从根本上解决这些问题。

二是新型城镇化促进了城乡统筹发展。我国传统城镇化进程中大中小城市及小城镇发展不协调问题长期存在，城市“量级”结构失衡，大、中、小城市及小城镇之间的差距过于悬殊，大城市有“独大”之势，中小城市和小城镇发展却相对缓慢。城镇化滞后于工业化带来了我国人口分布结构与资源配置结构的失衡，社会固定投资中大部分向城镇倾斜，城镇居民较乡村居民享有更好的公共服务，城乡差距扩大，城乡二元结构加剧。新型城镇化将从城乡发展动力、城乡发展质量、城乡发展公平等几个方面有效化解现有的城乡二元结构的局面。

三是新型城镇化将有效提高资源能源利用效率。相比传统的城镇化进程，新型城镇化道路实质上是可持续发展的城镇化，强调了集约、高效地利用资源能源，对土地资源、水资源以及能源资源进行合理高效的配置，用以实现不同类型资源价值的最大化利用。同时也促使资源利用者提升利用效率，减轻对生态环境的污染和破坏，有力支撑生态文明建设。

综上所述，新型城镇化将从促进国土空间优化布局、城乡统筹发展和提升资源能源利用效率等方面来支撑生态文明建设的推进[108~110]（如图6-5所示）。

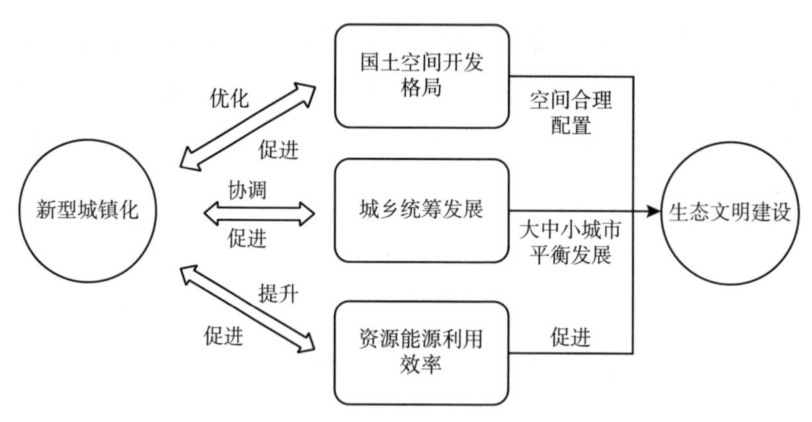

图6-5　新型城镇化对生态文明建设的作用机理

6.2.4　规模以上工业企业

在统计学中，一般以年主营业务收入作为企业规模的标准，达到一定规模要求的企业就称为规模以上企业。衡量规模以上工业企业的指标通常有规模以上工业企业企业总产值、工业成本费用利润率以及总资产贡献率等。

中国规模以上工业企业数量虽然只占全国工业企业数量的20%左右，但其贡献的总产值占所有工业企业产值的比例超过了90%，因而规模以上工业企业在中国经济中占有重要的地位。规模以上工业企业影响生态文明建设主要有两个方面：一是积极的外部效应，规模以上工业企业是我国社会发展最主要的经济主体，具有为社会生产产品或提供服务的经济职能，在改革开放近四十年来极大地促进了社会物质文明程度的提高，推动了国民经济的发展，取得了巨大的经济成就，使得社会繁荣发展，奠定了生态文明建设的物质基础。二是负外部效应，规模以上工业企业的生产活动对自然环境有直接或间接的负面影响，不可避免地会产生出一些社会不愿得到的副产品，如废气、废水、废渣等，而过量的排放和不达标的排放带来破坏生态平衡、污染环境、危害人体健康以及社会正常发展等不良后果也制约了生态文明建设的推进[111~114]。

综上所述，规模以上工业企业从其自身生产活动的正负外部效应两方面对生态文明建设产生影响（如图6-6所示）。

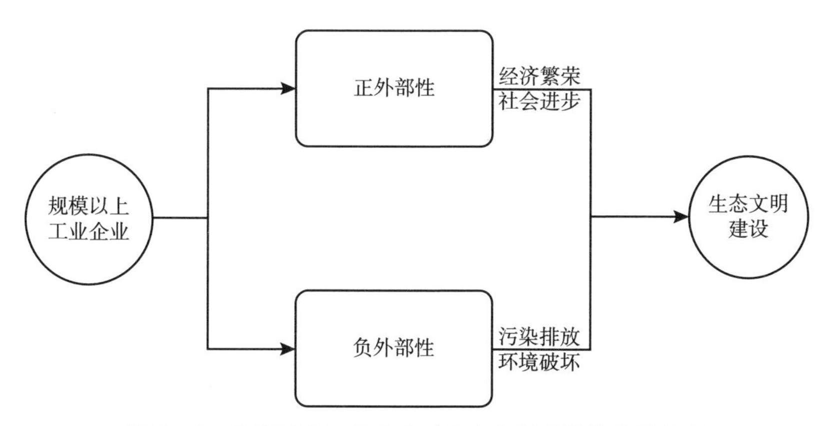

图6-6 规模以上工业企业对生态文明建设的作用机理

6.2.5 建筑业

建筑业是为社会创造新财富、为国家增加积累的重要部门，与国民经济发展和人民物质文化生活条件的改善紧密相关。衡量建筑业的指标有建筑业总产值、住房开工率、建筑规模和建筑业投资额等。

从全球范围来看，建筑业消耗了世界40%的能源并排放了1/3的CO_2，是全球能源消耗和CO_2排放的主要产业部门，建筑业的节能和减排是全球节能减排的关键。建筑业同样也是中国高耗能产业之一，研究表明中国建筑能耗在能源总消费中的比例已由20世纪70年代的10%上涨到目前的近30%。在我国，节能减排更是作为一项基本国策在执行。而建筑直接能耗和CO_2排放占我国总能耗和CO_2总排放的1/3。建筑业的节能减排直接关系到国家应对能源短缺和全球变暖战略实施的成败。

建筑业对生态文明建设的影响主要体现在三个方面：一是建筑业是劳动密集型行业，可以解决大量的人员就业问题。无论是发达国家还是处于发展中国家的中国，建筑业从业人数占整个国家的从业人数比重较高，同时建筑业能够带动工业和交通运输业的发展。建筑业通过解决就业和拉动其他工业行业的发展，能为社会经济做出一定的贡献，提升人们的生活满意度，有助于生态文明建设。二是建筑业消耗了大量的资源能源，据统计，我国的建筑规模居世界前列，建筑行业年消耗的水泥和钢材分别占到世界消耗总量的55%和25%。建筑业消耗的物资占全国物资消耗总量的15%。建筑业钢材消耗量为3.5亿吨，占比50%左右。每年仅房屋建筑消耗的材料数量占全国消耗量的比例为：钢材达到25%，水泥达到70%，木材达到40%，玻璃达到70%，我国仅建材生产和建筑能耗大约为全国能耗总量的25%。建筑行业大量消耗资源能源是造成我国资源能源供需矛盾的原因之一，也间接制约了我国生态文明建设的推进。三是建筑业对生态环境造成了巨大的影响，当前我国大大小小的城市中，围板挡护、塔架林产、渣土车穿梭已经给城市生产生活带来了众多的社会问题。仅城市渣土运输一项，致使工地内外尘土飞扬。扬尘不仅会导致PM2.5细微颗粒浓度升高，更是细小颗粒PM10的首要污染源之一。同时，建筑也是吞噬土地资源和侵占自然空间的巨大产物，不仅影响自然水文状态、空气质量，而且还产生大量的废弃物，对环境产生重大的负面影响[115~117]。

综上所述，建筑业通过对人口就业、资源能源消耗、生态环境污染破坏三个方面对生态文明建设产生机理（见图6-7）。

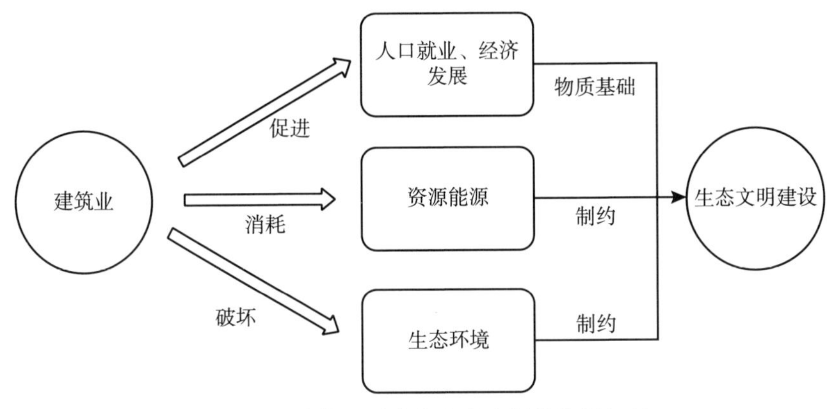

图6-7 建筑业对生态文明建设的作用机理

6.3 空间面板回归结果分析

6.3.1 变量的选取

确定适合的影响因素变量对于运用空间计量经济模型研究湖北省城市生态文明建设水平十分关键。结合6.2节中各影响因素，本节选择人均*GDP*(*gdp*)、第三产业占比（*rot*)、城镇化率（*ubr*)、规模以上工业企业平均产值（*aov*）以及建筑业总产值（*con*）来分析各因素对湖北省城市生态文明建设水平的影响及程度。

人均*GDP*：经济的发展在一定城市能推动城市生态文明建设水平，但近年来，中国人均*GDP*以较高的速度增长，某种程度上说明中国是以大量的能源消耗换取的经济增长[118]。

第三产业占比：经济理论认为，产业结构与经济发展和稳定存在着紧密的联系，在实践中也证实了产业结构的演进会促进经济向好发展。当前，中国的产业结构仍在向着更优、更合理的方向调整，这是由于中国目前的产业结构不甚合理造成了大量的能源消耗以至于浪费，是中国经济发展中许多问题和矛盾的根本原因之一[119]。

城镇化率：随着农村人口向城市集聚、中小城市人口向大城市迁移，城市人口的规模不断提高，快速城镇化必然带来大量能源资源的消耗，快速城镇化对能源的需求持续加大带来的能源约束等问题日益突出。

规模以上工业企业平均产值：中国规模以上工业企业数量虽然只占全国工业企业数量的20%左右，但其贡献的总产值占所有工业企业产值的比例超过了90%，因而规模以上工业企业在中国经济中占有重要的地位。

建筑业总产值：从全球范围来看，建筑业消耗了世界40%的能源并排放了1/3的CO_2，是全球能源消耗和CO_2排放的主要产业部门，建筑业的节能和减排是全球节能减排的关键[120]。建筑业同样也是中国高耗能产业之一，研究表明中国建筑能耗在能源总消费中的比例已由20世纪70年代的10%上涨到目前的近30%。在我国，节能减排更是作为一项基本国策在执行。而建筑直接能耗和CO_2排放占我国总能耗和CO_2总排放的1/3[121]。建筑业的节能减排直接关系到国家应对能源短缺和全球变暖战略实施的成败。

6.3.2 湖北省生态文明建设影响因子的回归分析

湖北省城市生态文明建设的空间效应明显，经豪斯曼检验本节湖北省生态文明建设五个指标均采用固定效应（fixed effects），由于本节研究以湖北省17个城市作为特定研究对象，固定效应模型显然比随机效应模型更为恰当。

1. 未考虑空间要素的全样本估计

首先，我们分别用混合OLS、空间固定效应、时间固定效应和空间时间双固定效应来分析，结果见表6-1。从表6-1可以看出，对于不同固定效应回归模型的LM和稳健LM检验，大都通过了显著性检验，并且对空间误差模型的LM和稳健LM检验统计量都要大于空间滞后模型，根据空间回归模型判别准则，应选择空间误差模型。进一步通过Wald和LR统计量检验判断空间杜宾模型是否可以简化为空间滞后模型和空间误差模型，检验结果发现，Wald-spatial-lag和LR-spatial-lag的统计量分别为95.0337和93.2401，其伴随概率值prob-spatial-lag分别为0和0，均在1%的显著性水平拒绝的原假设；Wald-spatial-error和LR-spatial-error的统计量分别为81.0438和85.1473，其伴随概率值prob-spatial-error分别为2.2204e-15和3.3307e-16，也在1%的显著性水平下拒绝$\theta=0$和$\theta+\lambda\beta=0$的原假设。综上可知，固定效应下的杜宾模型更适合于数据特征的刻画。

表6-1　　非空间面板模型估计及空间自相关性检验

因变量	混合OLS	空间固定效应	时间固定效应	时间空间双固定效应
C	-8.7541*** (-4.9299)			
ubr	0.1193 (0.3688)	0.6454** (2.3778)	0.4318 (1.1664)	0.6122** (2.1646)
con	-0.4105*** (-8.4640)	0.2386*** (3.0284)	-0.4016*** (-8.2664)	-0.2602** (-2.5573)
gdp	-0.9876*** (-5.4708)	-0.5861*** (-4.8619)	-1.1769*** (-5.3751)	-0.5195*** (-3.6359)
aov	0.3453*** (3.5358)	0.0680 (1.3004)	0.5264*** (3.9550)	0.1928 (2.7327)

续表

因变量	混合 OLS	空间固定效应	时间固定效应	时间空间 双固定效应
rot	0.1888 *** (3.9679)	0.1181 *** (2.7212)	0.1693 *** (3.5026)	0.0976 ** (2.2627)
R^2	0.6186	0.8394	0.5474	0.1238
Sigma^2	0.2958	0.0256	0.2904	0.0244
DW	1.5668	1.3988	1.4965	1.4748
LogL	-239.4409	127.3390	-237.1624	134.5264
LM spatial lag	14.1893 ***	9.4438 ***	12.2941 **	4.5387 **
Robust LM spatial lag	1.0709	1.3789	1.4045	5.1541 **
LM spatial error	15.3804 ***	16.2386 ***	12.6225 ***	7.9734 ***
Robust LM spatial error	2.2620 **	8.1737 ***	1.7329	8.5888 ***

注：括号内为 t 统计量，**、*** 分别表示在 5%、1% 的显著水平下显著。

2. 考虑空间要素的全样本估计

由于空间效应的存在，本节将空间因素引入回归方程进行估计。表 6-2 为考虑空间因素时的湖北省生态文明建设水平全样本估计结果，从表中可以看出，考虑了空间因素的回归估计更加显著，高于未考虑空间因素的模型估计结果，同时 LogL 也较未考虑空间因素的模型有提高，模型中各解释变量也更加显著。因此，考虑空间因素的空间杜宾模型能提高估计的有效性。通过对不同固定效应下的空间杜宾模型的对比分析发现，时间空间双固定效应下的空间杜宾模型的拟合优度 R^2、离散度 σ^2 以及 LogL 要优于其他固定效应模型，因此选择时间空间双固定效应下的空间杜宾模型研究湖北省生态文明建设水平的影响因素。

表6－2　　固定效应的空间面板杜宾模型估计

因变量	混合 OLS	空间固定效应	时间固定效应	时间空间双固定效应
C	－10.4030*** (－3.6484)			
ubr	1.6339*** (4.5267)	0.5467* (1.6303)	1.5969*** (4.2265)	0.4566* (1.5229)
con	－0.4047*** (－10.2920)	0.1004 (1.0653)	－0.4011*** (－10.0205)	－0.0110 (－0.1199)
gdp	－0.8960*** (－4.6779)	－1.1158*** (－7.4584)	－0.8609*** (－4.2216)	－0.8780*** (－6.3434)
aov	0.0649 (0.5478)	0.1770*** (2.7570)	0.1202 (0.9664)	0.2522*** (4.0870)
rot	0.0853** (2.1821)	0.0808* (1.9078)	0.0600 (1.3963)	0.0996*** (2.2627)
$W*ubr$	3.4632*** (5.8724)	0.2464 (0.4657)	3.5281*** (5.2006)	1.0043** (－1.9186)
$W*con$	－0.1848* (－1.9247)	－0.4485*** (－2.9406)	－0.2127** (－2.1459)	－0.2946 (－1.4687)
$W*gdp$	－0.2409 (－0.7750)	－1.2854*** (－6.1611)	－0.3329 (－0.8747)	－1.8954*** (－8.6269)
$W*aov$	0.3839** (2.1862)	0.2444*** (2.7374)	0.7180*** (2.5919)	0.1912 (1.4096)
$W*rot$	0.2516*** (2.9244)	0.1046 (1.3094)	0.1445 (1.2761)	0.1392* (1.7441)
$W*y$	0.2119*** (3.0622)	0.3199*** (4.8078)	0.2109*** (3.2273)	0.1439** (2.0039)
R^2	0.7585	0.9740	0.7619	0.9774

续表

因变量	混合 OLS	空间固定效应	时间固定效应	时间空间双固定效应
Sigma^2	0. 1829	0. 0219	0. 1866	0. 0171
LogL	-172. 5710	158. 4129	-171. 0529	183. 2651
Wald_spatial_lag	95. 0337***	*LR_spatial_lag*	93. 2401***	
Wald_spatial_error	81. 0438***	*LR_spatial_error*	85. 1473***	

注：括号内为 t 统计量，*、**、*** 分别表示在 10%、5%、1% 的显著水平下显著。

回归结果显示，某一城市生态文明建设水平不仅受到城镇化、人均 *GDP* 等这些因素的影响，也受到其相邻城市生态文明建设水平的影响。$W*y$ 的回归系数显著为正，说明湖北省城市生态文明建设水平存在着空间的互动效应，某一个城市提高生态文明建设水平对其周边的城市提升各自的生态文明建设水平有着积极的作用。生态文明建设水平存在“局部俱乐部集团”现象。因此各城市应积极加强和周围生态文明建设水平较高的城市合作，共享国土空间优化布局策略、资源能源集约节约利用技术、生态环境污染治理经验等生态文明建设手段。但在这种情况下，污染产业转移、“搭便车”等消极的产业及环保政策也可能会是地方政府的首要选择。

（1）经济发展水平。

表 6-2 回归估计结果显示，2006～2015 年，湖北省 17 个城市的经济增长并不能提高城市生态文明建设水平，反而对城市生态文明建设水平有反向抑制作用，统计的 t 值为 -6. 3434，通过了 1% 的显著性水平检验，经济发展水平的弹性系数为 -0. 8780，说明经济每增长一个百分点，生态文明建设水平就会降低近 1 个百分点。

对比表 6-1 可以看出，考虑空间因素之后的人均 *GDP* 对城市生态文明建设的负向影响高于未考虑空间因素的估计结果，说明湖北省目前经济发展的整体仍然不够“绿色”，经济发展的质量不高，转变经济增长方式迫在眉睫，转变经济增长方式将有利于降低资源能源的消耗，减弱对生态环境的冲击和破坏。虽然中国积极在走新型工业化、新型城镇化的道路，但中国目前仍处于增长速度换挡期、结构调整阵痛期和前期刺激政策消化期的特殊时期，经济增长的方式难以快速转变，产业结构和消费模式仍然处于优化调整阶段，要尽快挖掘新的增长极，加快供给侧改革，促进社会经济健康发展。*W* * *gdp* 回归结果较为显著，说明各城市之间经济发展具有较好的联动机制，说明经济发展具有较强的外部性和示范效应，某一城市发展越好，会对周边城市经济发展起到积极的影响。

（2）产业结构。

表6-2回归估计结果显示，2006~2015年，湖北省17个城市的产业结构能有效提高城市生态文明建设水平，对城市生态文明建设水平有积极的促进作用，统计的 t 值为2.2627，通过了1%的显著性水平检验，产业结构的弹性系数为0.0996，说明第三产业占比每增长一个百分点，生态文明建设水平就会增长近0.1个百分点。

对比表6-1可以看出，第三产业占比增加有助于降低能源消耗，提升资源能源利用效益，因而第三产业尤其是高新技术产业和现代服务业的扩大也将一定程度上缓解我国资源能源低效率消耗的局面，提升生态文明建设水平。*W* * *aov* 回归结果并不显著，说明湖北省各城市之间的规模以上工业企业之间联动效应不明显，这也与各地级市的工业企业布局有着密切的联系。

（3）新型城镇化。

表6-2回归估计结果显示，2006~2015年，湖北省17个城市的新型城镇化能有效提高城市生态文明建设水平，对城市生态文明建设水平有积极的促进作用，统计的 t 值为1.5229，通过了10%的显著性水平检验，新型城镇化的弹性系数为0.4566，说明新型城镇化每增长一个百分点，

生态文明建设水平就会增长近0.5个百分点。

对比表6-1可以看出，考虑了空间因素之后城镇化率对城市生态文明建设的正向影响要高于未考虑空间因素的估计结果，说明未考虑空间因素的城镇化率对城市生态文明建设的影响被低估了，而新型城镇化的推行有助于降低资源能源的消耗，推进资源能源的集约节约利用，对改善资源环境约束有着积极作用。此外，城镇化率的回归系数在这几个因素里最高，表明加快推动新型城镇化是加快推进湖北省各城市生态文明建设的较为有效的手段之一。该结果也与中国推进新型城镇化发展的基本理念和核心思想不谋而合，$W*ubr$ 的回归结果也显示，湖北省各城市新型城镇化的推进与其周边城市新型城镇化速度之间有着良好的空间互动关系，某一个城市推进新型城镇化对带动周边城市加快建设新型城镇化有着积极的影响，体现了我国新型城镇化进程中城市群、城市带发展的思想。

（4）规模以上工业企业。

表6-2回归估计结果显示，2006~2015年，湖北省17个城市的规模以上企业产出增加能有效提高城市生态文明建设水平，对城市生态文明建设水平有积极的促进作用，统计的 t 值为4.0870，通过了1%的显著性水平检验，规模以上工业企业平均产值的弹性系数为0.2522，说明规模以上工业企业平均产值每增长一个百分点，生态文明建设水平就会增长近0.3个百分点。

对比表6-1可以看出，未考虑空间因素的规模以上工业企业平均产值对生态文明建设水平的正向影响均高于考虑了空间因素的估计结果，说明各个城市在规模以上工业企业平均产值方面存在的空间效应不如城镇化率和人均 *GDP* 的空间效应强，但提高规模以上工业企业平均产值对推进城市生态文明建设有着积极的意义。规模以上工业企业仍是我国工业发展的标杆，规模以上企业更要积极响应国家有关政策，在生态文明理念的指导下转型发展，提高能源利用效率，降低对生态环境的冲击和影响。

（5）建筑业。

表6－2回归估计结果显示，2006～2015年，湖北省17个城市的建筑业的系数为－0.0110，说明现阶段湖北省建筑业发展不能提高城市生态文明建设水平，对城市生态文明建设水平有负向的抑制作用，但建筑业总产值统计的t值为－0.1199，说明建筑业总产值对城市生态文明建设水平的影响并不显著，负面影响有限。

对比表6－1可以看出，而未考虑空间因素的建筑业总产值表现出对湖北省城市生态文明建设水平强烈的负向影响，说明湖北省各城市当前的建筑业发展对城市生态文明建设水平的提升形成了制约，也意味着湖北省各地市建筑业未能大范围应用节能建筑技术，加剧了对资源能源的利用困境，因而加强建筑业的节能减排工作仍然是湖北省节能减排的重点工作之一。

6.4 本章小结

本章在指出湖北省生态文明建设存在空间效应的基础上，为了进一步研究湖北省生态文明建设水平的空间性差异和联系，主要从以下几个方面对湖北省生态文明建设水平影响因素进行了研究。

（1）首先介绍了空间滞后模型、空间误差模型、面板数据空间计量模型的理论、估计方法和模型选择标准。

（2）其次从经济发展水平、产业结构、新型城镇化、规模以上工业企业、建筑业五个方面定性分析了各因素对城市生态文明建设水平的影响机理。

（3）最后以城市生态文明建设水平为被解释变量，从经济发展水平、产业结构、新型城镇化、规模以上工业企业、建筑业五个方面选取影响因素指标作为解释变量，将城市生态文明建设水平的空间相关效应纳入计量分析框架，引入空间杜宾模型，建立空间计量回归模型对城市生态文明建设水平的影响因素进行实证分析。模型估计结果表明：经济发展对湖北省城市生态文明建设的负向影响高于未考虑空间因素的估计结果，说明湖北省目前经济发展的整体仍然不够“绿色”，经济发展的质量不高，转变经济增长方式迫在眉睫；产业结构能有效提高城市生态文明建设水平，对城市生态文明建设水平有积极的促进作用；城镇化率对城市生态文明建设的正向影响要高于未考虑空间因素的估计结果，说明未考虑空间因素的城镇化率对城市生态文明建设的影响被低估了，而新型城镇化的推行有助于降低资源能源的消耗，推进资源能源的集约节约利用，对改善资源环境约束有着积极作用；规模以上企业产出增加能有效提高城市生态文明建设水平，对城市生态文明建设水平有积极的促进作用；现阶段湖北省建筑业发展不能提高城市生态文明建设水平，对城市生态文明建设水平有负向的抑制作用，但建筑业总产值对城市生态文明建设水平的影响并不显著，负面影响有限。

第 7 章

推进湖北省生态文明建设的政策建议

综合前文分析湖北省生态文明建设重点和湖北省 13 个市州、三大城市群生态文明评价结果，以及湖北省生态文明建设的空间效应和影响因素分析，本章将从如何推进湖北省生态文明建设提出政策建议。

7.1 进一步调整和优化产业结构

从湖北省 13 个市州生态文明建设水平评价结果可以看出，经济发展水平较好的城市如武汉、宜昌和襄阳等大城市在生态文明建设方面并不突出，结合经济发展水平对湖北省生态文明建设的影响分析更加明确了这一点。现有的经济发展模式对湖北省生态文明建设的推进具有抑制和阻碍的副作用，因而要大力发展湖北省生态经济，尤其是三大城市群的生态经济以促进湖北省生态文明建设。

运用高新技术改造提升支柱产业和传统产业，着力培育符合国家产业导向、有广阔市场前景、具有可持续发展优势的光电子信息、生物医药、节能环保和新能源产业[122]。发挥武汉城市圈环保产业的骨干企业在烟气脱硫、除尘，污水处理、垃圾焚烧发电及矿山生态环境恢复治理、固废综合利用、环境监测仪器等方面的优势，尽快培育一批拥有知名品牌、具有核心竞争力、市场占有率高的环保骨干企业或企业集团。宜荆荆城市群和襄十随城市群是传统农业为主的经济结构，要加快推广普及生态农业技术和现代农业生产方式，大力推进高产高效基本农田建设，科学施肥用药，减轻农业面源污染。扶持养殖业废弃物特别是规模化畜禽养殖场粪便资源化利用示范工程建设，因地制宜推广保护性耕作，生态渔业健康养殖、生态农业种植等，加快建设一批无公害农产品、绿色食品和有机食品基地。通过实施技术创新和政策创新等措施，大力发展循环经济、低碳经济和绿色经济，提高单位土地、能源、矿产资源、水资源及动植物资源的产出水平。同时，宜荆荆城市和襄十随城市是鄂西生态文化旅游圈的重要战略组成，要加快积极推进旅游与文化融合，大力发展生态旅游业。以现代商贸、金融、信息和物流为重点，加快发展生态服务产业。

由第6章结果分析可以看出，产业结构的优化升级是有利于湖北省生态文明建设的，尤其是以现代服务业为主的第三产业的快速发展将助力湖北省生态文明建设。

首先，要调整优化产业发展布局[123]。以规划为先导，统筹三大城市群环境功能区划、环境容量和资源禀赋条件，调整优化产业发展格局，实现产业发展与生态环境相协调。积极推进规划环境影响评价，三大城市群内部各市及其有关部门组织编制土地利用规划和区域、流域建设、开发利用规划，以及工业、农业、畜牧业、林业、能源、水利、交通、城市建设、旅游、自然资源开发的有关专项规划应依法进行环境影响评价，未经环评的规划不得审批。严格执行钢铁、建材、火电、纺织、化工企业环境准入制度，进一步制定或完善重点行业清洁生产标准，已建项目加快生产工艺升级改造，清洁生产达到国内先进水平。优化各市州开发区布局，整合开发区资源，完善开发区基础设施建设，推动优质要素和重要资源向开发区集中，优质项目和高端产业向开发区集聚，形成三大城市群区域经济竞相发展、合作共赢的良性互动格局。

其次，要强化产业结构的协调效应[124]。发展经济的同时，需要注重经济与资源、环境以及人口等因素的协调，重视产业结构的优化升级。促进技术密集型产业以及服务业的发展，进一步提升农业机械化、服务业现代化水平；对于第二产业，要强化科研力量，引用先进的技术，提升整体的生产效率和技术含量，促进整个产业结构的优化调整，此外，还要注重信息化水平的运用，逐步提升高新技术在产业的利用，促进产品附加值的提升，为整个产业的优化调整提供有利的条件。同时要重视各市州发展自身的特色产业，不能过于偏重某个产业。湖北省 17 个不同的城市都有各自的资源环境特征，综合三大城市群内外不同城市的优势产业，譬如在宜荆荆产业区中，宜昌市重点发展水电、旅游、化工、生物医药、机械、船舶、新材料、商贸、物流等产业，形成区域性交通枢纽；荆州市要提升制造业水平，强化科技、金融、物流、旅游等功能，增强产业在区域的辐射带动能力，建成长江中游交通枢纽；荆门市重点发展石油化工、生物医药、机械电子、食品饮料、磷化工、水泥建材、纺织服装等。在襄十随汽车工业走廊中，襄阳、十堰、随州大力发展汽车及零配件制造，特别要提高研发水平，加强配套协作，提高纵向一体化程度，提升汽车产业集群在全国的竞争力。襄阳市重点发展汽车等先进制造业、交通、物流、商贸、生态文化旅游等，增强产业在圈域的辐射带动能力。十堰市重点发展汽车制造、交通、物流、信息、生态文化等，增强产业在区域的辐射带动能力。随州市重点发展特种专用汽车生产、特色农产品生产加工、纺织服装、文化旅游等，形成与武汉城市圈对接和配套的高技术转化基地。

7.2 提高湖北省资源能源节约利用水平

一方面要运用循环经济理念指导区域发展[125~126]。要充分利用循环经济发展专项资金，支持循环经济重点项目，鼓励利用先进适用技术和节能环保技术，加快传统产业改造和升级，推动支柱产业向生态化、无污染或少污染方向发展。编制青山—阳逻—鄂州大循环经济示范区发展规划，组织实施一批循环经济重点项目，积极推进武汉城市圈域内资源枯竭型城市转型，积极开发低碳技术，发展低碳产业，推动低碳经济发展。积极开发可再生能源和新能源，促进能源结构不断优化，建设科学合理的能源资源利用体系。宜荆荆城市群和襄十随城市群都提出“工业兴市”的发展战略，在战略实施中要着重注意发展生态工业，以生态经济、循环经济的理念来指导“工业兴市”。

另一方面，推进资源节约集约利用是湖北省产业结构优化的有效手段之一[127~128]，主要是针对武汉城市圈、宜荆荆城市群和襄十随城市群中工业较为发达的市州，如武汉市、宜昌市、襄阳市、荆门市和黄石市等。节约资源是破解资源瓶颈约束、保护生态环境的首要之策。要实施自然资源节约集约利用，确保主要资源环境绩效指标与全国平均水平的差距逐步缩小，常规污染物、重金属、持久性有机污染物等排放强度明显降低。要积极引导城市的产业结构由以工业为主转向为以第三产业，尤其是现代服务业为主，大力推动高新技术产业和现代服务业发展，加大对落后产能淘汰工作的力度，提高现有工业生产的技术水平，改进生产工艺，减轻对资源环境的消耗和破坏。

具体来看，要着重提高咸宁市、孝感市和荆门市的资源能源节约利用水平。主要通过提高单位建设面积二三产业增加值、清洁能源比重等指标来促进这三个城市的资源能源利用水平，湖北已形成“一主两副”的基本发展战略，咸宁市、孝感市和荆门市，要积极承接所在区域的中心城市的支柱产业，加快自身产业结构的调整，发展高新技术产业、出口导向型产业和现代服务业等技术密集型产业，同时鼓励政府、高校和企业进行技术创新，加大引入适用技术的力度，同时提高对人才的福利待遇，吸引高质量人才的加入，促进城市的资源能源节约利用。黄石市作为资源枯竭型城市，虽然已经在逐步转型，但仍要提高对资源能源的集约利用，大力发展新的城市支撑产业，加快淘汰落后产能步伐。

7.3 加大主要污染物排放的控制力度

良好的生态环境是生存之基、发展之本，要统筹做好“保护”“恢复”“优化”“建设”等工作，为自然生态环境和人居生态环境的持续优化提供保障。

首先，要加强湖泊与重点流域水污染综合防治。以削减入湖主要污染物为核心，抓好重点工程，加大湖泊水污染防治力度，保持重要湖泊水体质量稳定，加强湖泊流域生态建设，整治村庄环境，防治农村面源污染，尤其要加强长江、汉江等流域，武汉东湖、沙湖、黄石磁湖等重要湖泊的污染防治。进一步完善集中式饮用水源环境保护措施，防治饮用水源地周边的各类污染源和风险源，强化水源地水质定期监测并发布监测信息，确保饮用水安全。大力推进重点流域水污染防治，加大出境快捷河流污染安全甲醛，逐步推行主要河流市（州）、县（区）跨界断面考核工作。加强对黄石、黄冈、武汉等城市水质的改善，通过加强对企业排放的工业废水的监管，提高污水排放的达标率，同时促进水资源的再次利用，对于生活污水，应积极推广分散式生物集成处理系统，作为集中式污水处理设备的补充，强化对生活污水的处理和回收利用。

其次，要改善城市大气环境质量。有效削减二氧化硫排放总量，开展氮氧化物控制，探索减碳控制措施，保证空气环境质量安全，努力使城市空气环境质量达二级标准的天数增加。加强重点行业大气污染源治理，防范化工、医药、冶金等行业有害有毒废气污染。控制可吸入颗粒物和挥发性有机物排放，开展城市大气复合污染、挥发性有机物和垃圾焚烧二次污染防治工作。尤其是要加强武汉市、鄂州市和咸宁市的大气质量保护力度。主要通过提高工业粉尘去除率等指标来改善大气质量现状。

最后，加大治理固体废弃物污染。要完善危险废弃物、医疗废弃物等固体废弃物的收集和交换网络体系，加快处理处置设施建设，使危险废弃物基本得到安全处理处置，建成全省范围内的医疗废弃物集中处理设施。发展废旧物资回收网络，建成覆盖全省、运作规范的再生资源回收体系。开展工业固体废弃物重点企业清洁生产审计，减少固体废弃物产生，加强工业固体废弃物资源化利用。尤其是要改善黄石、咸宁等城市的固废排放情况，要促进城市对于生活垃圾的“微降解”，通过法律或者规章制度来鼓励或强制实行生活垃圾分类处理，从源头控制生活垃圾的乱排乱放。

7.4 加快湖北省新型城镇化进程

第6章的分析结果同样表明，湖北省新型城镇化进程将有利于湖北省生态文明建设。在湖北省《关于加快推进新型城镇化的意见》中指出，要把推进新型城镇化作为实现湖北省“十二五”科学发展、跨越式发展的重大战略，城市群发展战略是新型城镇化的重要组成，在城市群范围内开展新型城镇化工作更加具有针对性。

首先，提升城市群主体作用[129]。一方面要提升优化武汉城市圈，率先在优化结构、节能减排、自主创新等关键环节实现新突破，加快圈内城市基础设施、产业布局、区域市场、城乡建设和生态环保“五个一体化”建设。另一方面要加快发展宜荆荆城市群和襄十随城市群，重点加强宜荆荆城市群旅游协作，提升区域旅游产业整体竞争力，推动宜荆荆城市群产业链与武汉城市群对接和产业集群发展；加强襄十随城市群汽车产业配套协作，提升其汽车工业走廊的产业竞争力。

其次，要建立完善城市群发展协调机制[130]。统筹制定实施城市群规划，明确城市群发展目标、空间结构和开发方向，明确各城市的功能定位和分工，统筹交通基础设施和新网络布局，加快推进城市群一体化进程。加强城市之间政府等其他组织的沟通联系，推动多层次信息互通，增强城市间经济往来。同时要支持若干基础条件好、联系比较紧密的省级毗邻城市合作发展，如加快黄梅小池与九江同城化发展，荆州与岳阳、常德、益阳合作发展等。

再次，要促进各类城市协调发展[131]。对于武汉市、宜昌市和襄阳市要增强其省域中心城市的辐射带动功能；对于黄石市则要加快其资源枯竭型城市的转型发展，将其打造成为武汉城市圈副中心城市和鄂东中心城市；对于十堰市则要支持其建设国家生态文明先行示范区；荆州市则要支持其实施“壮腰工程”，将其打造为长江经济带重要节点城市；孝感市则要发挥地缘优势，加快汉孝经济一体化；天仙潜三市则应加快“四化同步”建设，加快建成全国县域经济百强等；与此同时要加快县域的新型城镇化进程，适度提高县域开发强度，调整开发规模，积极承接产业转移。

最后，要推进城市群平衡发展。湖北省大城市的社会经济发展速度要高于中小城市，其城市规模的扩张也是如此。经过改革开放40多年来的高速发展，湖北省大城市的城镇化已进入中后期，这就意味着湖北省持续推进的城镇化任务和潜力是为数众多的中小城市，而中小城市必须要通过适当的发展才能吸引更多的非城镇人口流入，因而平衡大中小城市的发展是湖北省生态文明建设的重要内容之一。

要发挥城市群、城市圈和城市带等组团发展的城市发展模式[132]，将大城市过度集聚的劳动力和自然资源等生产要素逐步调整到中小城市，以大城市为核心，尤其是武汉市、宜昌市和襄阳市为核心，辐射带动周边中小城市的发展，既能促使区域生产的协作分工，也能提升区域竞争力。同时，要改变政策倾斜力度，加大对中小城市发展的政策支持，中小城市主动改变发展方式以承接大城市的产业转移，促进产业集群发展。

由于长期的计划经济的影响和自身经济发展所处的阶段，湖北省各城市之间尚未形成合理的城市分工、协作和互补关系，城市功能定位不清晰，低水平重复建设仍较普遍，城市间产业结构雷同，自身优势发挥不够，没有形成具有核心竞争力的城市产业基础和特色。因此，要建立城市共生体系，依托城市比较优势，发展基础设施相联相通、产业发展互补互促、资源要素对接对流、公共服务共建共享、生态环境联防联控的大中小共生城市体系，实现大中小城市共同发展。通过城市群联动发展，合理引导武汉市、宜昌市和襄阳市外迁非核心、职能和非优势产业，在中小城市建立非核心、功能、职能服务区的形式，降低大城市资源环境消耗规模和人口密度，加快大中小城市的资源要素整合。

此外，要以全国主体功能区规划和湖北省主体功能区以及国家生态文明建设相关指导意见和改革方案为依据，实施分区管理、分类指导、重点突破的生态文明建设体制机制。明确不同区域的功能定位，及分区管理水、大气、土壤等领域，制定相应的污染物总量控制要求，分区进行生态环境保护、污染排放控制、环境质量监管等，以规划的制定与出台，为城市生态文明指明方向，并在实施阶段严格落实。

7.5 加强湖北省生态屏障建设

一方面，保证湖北省各城市内部公共绿地、永久基本农田、森林以及自然和人工水体不被侵占，严禁大城市无限制扩张城市边界，非特别需要，严格控制大型产业开发区和居住区的建设[133]。另一方面，加大建成区绿化带的建设，拓展公共绿色空间，提高人均绿地面积，要充分利用生产空间和生活空间中的闲置土地，增加绿化面积[134]。除此之外，还应通过设定严格的环境保护标准细则，将责任落实到社会行为主体，包括企业、社会组织和城市居民个人家庭等。

湖北省各市州行政主体应共同制定城市区域性生态修复法规以及生态修复保证金制度，加强对开发建设项目的监管和审批。以环保优先和自然修复为主，维护各城市范围内的江、河、湖等的健康生态；加强对天然林的保护，积极实施退耕还林，对生态比较脆弱、水土流失比较严重的区域进行封山育林；对湿地生态实施恢复工程，恢复其湿地功能；各城市以国家级和省级自然保护区为重点，加强对珍稀濒危野生动植物的保护，共同保护城市群的生物多样性。

共同推进实施“碧水工程”，加强城市范围内的江、河、湖等沿岸地区的污染治理，使各城市水生态、水环境明显改善[135~136]。此外，要按照主体功能区规划的要求，携手推进重点生态功能区的建设。除了加大财政转移支付力度外，还应积极探索在长江、汉江上中下游地区、重点生态功能区与城市化地区、生态保护区与受益地区之间建立横向的生态补偿机制，促进各城市协调发展。

要加快生态屏障建设，共建城市生态绿地。实施封山育林，加强水土流失综合治理，严格依法落实生产建设项目水土保持方案制度，加强各类开发建设项目水土保持监督管理，防止产生新增人为水土流失。推进生态公益林建设，改善林分结构，严格控制林木采伐和采矿等行为，加强自然保护区、风景名胜区、森林公园和地质公园建设，加强生物多样性保护，构建生态优良、功能完善、景观优美的生态网络体系。统筹考虑“绿心”涉及的有关县（市、区）纳入国家重点生态功能区范围问题。不得随意改变自然保护区的性质、范围和功能区划。建设沿江、沿河、环湖水资源保护带、生态隔离带，增强水源涵养和水土保持功能。加强城乡绿化、长江防护林、森林公园等生态建设。

7.6 促进湖北省国土空间开发格局优化

促进湖北省各市州国土空间的优化布局有利于城市宜居宜业的建设，也是城市生态文明建设的重要内容[137]，通过合理布局城市主要产业，理顺大型产业开发区与大型居住区、就业密集区和居住密集区的空间配置关系，来实现城市三生空间的有机融合。

当前，以武汉市为典型代表的湖北省城市中心城区开发强度大，交通拥堵，噪声严重，休闲和交流空间不足；郊区建设低密度蔓延，用地效率不高。工业园区、居住区和商业区规模较大且相距较远，人们生活不便，又增加了交通压力。城市的建设应首先设定科学的规划，将城市的经济发展规划、环境保护规划等多个规划统筹兼顾，从城市建设和发展的源头上协调三生空间的配置关系，避免出现低效的重复建设和重生产轻生活，为发展生产而损害生活、生态的现象发生[138~139]。

要重视城市间跨界生态系统的协调效应，构建一个开敞的绿色空间，加大生态区域的保护，围绕各城市生态空间的衔接，系统规划建设生态廊道。基于各城市生态空间的衔接，系统规划生态廊道的建设，围绕各城市的基本交通概况，重视区域内部的协调性，避免了无序蔓延。针对核心城市区域，在规划时要保障不同城市间都有绿色间隔，从而避免外围城市与核心城市的生活造成不利影响，此外，还要注重整体建设开发的有序发展。

严格执行生态空间管制，确保生态系统功能效用的持续稳定发展。实行严格保护，确保生态保护区面积不减少、区域生态功能不降低，重要生态功能单元保护面积达到30%，各级各类自然保护区面积稳中有增。禁止开发区、饮用水水源一级保护区、重要生态功能区、生态敏感区、长江重要水产种质资源保护区核心区禁止开发建设活动。依托“山－江－湖”构筑区域生态网络屏障，逐步提升森林生态服务功能，扭转湿地生态系统恶化趋势，积极开展红线区生态修复[140]。

第 8 章

研究结论与展望

8.1 研究结论

自20世纪末国家实施可持续发展战略，尤其是党的十八大报告将生态文明建设提高到突出地位以来，湖北省一直立足自身既有条件，通过转变发展方式、调整产业结构、转变消费模式和实施节能减排等方面的努力，生态文明的建设已经取得了一定的成果。然而，要提高湖北省生态文明建设水平，全面提高湖北省经济社会发展的质量与效率，就必须对现阶段湖北省生态文明发展水平的现状进行客观科学的评价，以期探寻各自发展道路上的成绩与不足，及时发现问题，为下阶段的工作提供导向参考。

现阶段，高消耗、高污染和低效率的粗放型经济增长模式已经对自然环境和生态系统造成了巨大破坏，江河断流、雾霾侵扰、垃圾围城、水体污染等粗放型增长导致的“后遗症”已使我国许多城市居民生命、生活和生产遭受严重威胁，转变发展方式已经刻不容缓。建立生态文明建设评价指标体系是量化生态文明建设水平最有效的手段，是满足领导需要和社会需要的必要工作。建设生态文明是一个动态、综合的社会实践过程，我们不能把生态文明建设简单地停留在理论层面，而要把科学理论转化为具体的实践，把生态文明的美好蓝图向社会实践拉近拉实。因此，必须通过对生态文明建设的重点任务进行量化，使人们对生态文明建设的成果看得见摸得着，从而把生态文明建设与经济工作具体实践相结合，不断使科学理论逐步拓展为具体的现实体现。在生态文明评价指标体系的构建过程中，通过对湖北省生态文明建设面临的机遇和挑战进行分析，得出湖北省建设生态文明的重点，从而更加客观科学地构建出适用于湖北省的评价指标体系，通过测算湖北省生态文明建设发展状况进行客观评价，从“厘清问题”“关注进展”到“促进提高”的层面上，把生态文明理念和思想转化为更具效力的生态文明实践，用可以度量的水平指数改变单一的GDP增长评价标准，鼓励绿色、低碳、循环的发展方式，用具体化的、可以持续观测和比较的数量标准解读湖北省生态文明建设的现状、绩效和问题。

首先，本书从湖北省生态文明建设面临的机遇和挑战入手，剖析湖北省生态文明建设的重点和要点。第一，分析了湖北省生态文明建设面临着的战略机遇，现有的国家层面的政策和湖北省自身的战略规划对湖北省加快生态文明建设和提升区域生态文明建设有着重要的理论基础和政策基础，两型社会国家综合试验区、“两圈两带”战略的确定、“一主两副”和三大城市群的战略发展为湖北省生态文明建设提供了良好的发展机遇。第二，对湖北省生态文明建设面临的挑战进行分析，得出湖北省产业结构优化程度不够，资源能源禀赋不足和科技创新水平整体不强等结论。在此基础上，对湖北省生态文明建设的重点进行分析，为后文湖北省生态文明评价指标体系的构建和实证打下基础。

本书所构建的湖北省生态文明建设评价指标体系是在整合目前国内

外优秀的研究成果的基础上，依据党的十八大对生态文明建设的诠释和党的十八届三中全会的精神，针对湖北省生态文明建设的要点，基于“压力—状态—响应”模型思想构建的，并参照科学性与客观性、权威性与典型性和可操作性等原则构建了湖北省的生态文明评价指标体系，指标体系是较为科学合理、准确且适宜生态文明建设评价的指标体系。对湖北省 13 个市州和三大城市群均从压力、状态、响应三个维度展开。为我国不同类型区域和不同城市群开展生态文明评价工作提供理论与方法参考。

其次，本书运用所构建的湖北省生态文明评价指标体系，采用主客观组合赋权方法对各项指标进行赋权，并从压力、状态、响应三个层面以及生态文明建设水平综合结果分别计算出湖北省 13 个市州和湖北省三大城市群 2006 ~ 2015 年的静态得分，评价结果基本与普遍认知一致。并指出，湖北省各市州生态文明建设水平也存在着区域的差异性，这种差异性基本表现为城市群核心城市水平普遍较高，而群内城市则表现较弱。在今后的发展过程中，应不断完善生态环境保护制度、提高管理水平，同时加强城市群内部城市的交流合作，强化区域协同发展，保证建设水平较好的城市生态文明发展水平持续稳定提升，以发挥其辐射作用，带动周边城市生态文明发展水平的不断提高。

综合来看，湖北省 2006 ~ 2015 年生态文明建设成效明显，各年评价结果基本反映了湖北省历年资源环境问题的主要方面和生态文明建设状态，这对于指导湖北省下一步推进生态文明建设具有指导意义和参考价值。具体来讲，湖北省生态文明建设需要进一步加强以下方面建设：

（1）提高主要资源的利用效率。提高咸宁市、孝感市和荆门市的资源能源节约利用水平。主要要通过提高单位建设面积二三产业增加值、清洁能源比重等指标来促进这三个城市的资源能源利用水平，湖北已形成“一主两副”的基本发展战略，咸宁市、孝感市和荆门市，要积极承接所在区域的中心城市的支柱产业，加快自身产业结构的调整，发展高新技术产业、出口导向型产业和现代服务业等技术密集型产业，同时鼓励政府、高校和企业进行技术创新，加大引入适用技术的力度，同时提高对人才的福利待遇，吸引高质量人才的加入，促进城市的资源能源节约利用。黄石市作为资源枯竭型城市，虽然已经在逐步转型，但仍要提高对资源能源的集约利用，大力发展新的城市支撑产业，加快淘汰落后产能步伐。

（2）提高污染物排放标准。尤其是要加强黄石市、黄冈市和咸宁市的生态环境保护力度。主要通过提高工业粉尘去除率、工业废水排放达标率、城市生活垃圾无害化处理率和城市生活污水集中处理率等指标来改善黄石市、黄冈市和咸宁市的生态保护现状。要改善这些情况，必须要促进城市对于生活垃圾的“微降解”，通过法律或者规章制度来鼓励或强制实行生活垃圾分类处理，从源头控制生活垃圾的乱排乱放；对于水质的改善，要通过加强对企业排放的工业废水的监管，提高污水排放的达标率，同时促进水资源的再次利用，对于生活污水，应积极推广分散式生物集成处理系统，作为集中式污水处理设备的补充，强化对生活污水的处理和回收利用。此外，湖北各市州要同时加大对环保投资的力度，促进环保产业的发展，积极引导环保组织和个人对于环境保护的宣传，促进全民参与，提倡出行的绿色化，改善生态环境。

（3）提高生态制度执行力度。着重加强对黄石市、黄冈市、荆门市和咸宁市的生态制度建设。生态制度的建设有利于这些市州加强响应系统的建设，黄石市、黄冈市、荆门市和咸宁市在生态文明建设方面积极性相对于武汉市、宜昌市等而言较弱，对经济社会发展的投入远高于对生态文明建设的投入。因而，在生态制度建设方面，中小城市不仅要加快建立和完善生态文明相关制度，譬如推进自然资源资产负债表的编制，完善生态补偿机制，同时也要关注制度落实的情况，建立制度建立、落实和监管的长效机制。

（4）发挥湖北省中小城市主观能动性，强化中小城市在城市群或城市圈中的地位和功能。湖北省“一主两副”的发展格局已基本形成，黄石市、黄冈市、咸宁市和孝感市属于武汉城市圈的一部分，荆门市位于“宜荆荆”城市圈，十堰市和随州市则属于“襄十随”城市圈，中小城市要清晰自身在各自城市圈的功能定位，积极发展和承接武汉市、宜昌市和襄阳市的优势产业，提高大中小城市的互动和协同性，引入武汉市、宜昌市和襄阳市的优质教育、医疗、公共服务等资源，提高自身公共服务水平的同时化解大城市的承载压力。此外，湖北省中小城市的国土空间开发格局优化同样十分重要，虽然当前城市开发强度不高，但仍需要科学的规划和建设，在工业化和城市化的中后期避免大城市集中爆发资源环境承载力超载的现象发生。

在指出湖北省生态文明建设存在空间效应的基础上，为了进一步研究湖北省各市州生态文明建设水平的空间性差异和联系，本书首先用 GeoDa 软件对湖北省城市生态文明建设水平的空间相关性分析，结果表明湖北省城市生态文明建设的空间关联效应在逐渐降低，有不断分化的趋势。并且，湖北省生态文明水平区域空间分布上已形成一个典型的集聚区域：即是以黄石市和孝感市为中心，与周边的咸宁、天门、潜江等城市组成的低水平生态文明水平的空间集群区域。各高水平的生态文明建设水平集聚区域表现不突出。

紧接着，为了理清影响湖北省生态文明建设的影响因素，首先对影响生态文明建设的关键因素进行机理分析，并基于此选取湖北省城市生态文明建设的关键性指标：城镇化率、建筑业总产值、人均 GDP、第三产业占比以及规模以上工业企业平均产值，运用 Matlab 软件来分析它们对城市生态文明建设的时空影响及程度，结果表明：经济发展对湖北省城市生态文明建设的负向影响高于未考虑空间因素的估计结果，说明湖北省目前经济发展的整体仍然不够“绿色”，经济发展的质量不高，转变经济增长方式迫在眉睫；产业结构能有效提高城市生态文明建设水平，对城市生态文明建设水平有积极的促进作用；城镇化率对城市生态文明建设的正向影响要高于未考虑空间因素的估计结果，说明未考虑空间因素的城镇化率对城市生态文明建设的影响被低估了，而新型城镇化的推行有助于降低资源能源的消耗，推进资源能源的集约节约利用，对改善资源环境约束有着积极作用；规模以上企业产出增加能有效提高城市生态文明建设水平，对城市生态文明建设水平有积极的促进作用；现阶段湖北省建筑业发展不能提高城市生态文明建设水平，对城市生态文明建设水平有负向的抑制作用，但建筑业总产值对城市生态文明建设水平的影响并不显著，负面影响有限。

最后，本书从加快推进湖北省生态文明建设和健全完善湖北省生态文明考评机制两个维度提出了相应的政策建议。其中加快推进生态文明建设的政策建议包括：①培育和发展三大城市群新的经济增长极；②加快优化湖北省产业结构；③加快湖北省新型城镇化进程；④加强湖北省生态屏障建设；⑤促进湖北省三生空间有机融合；⑥推进城市群平衡发展。

8.2 研究不足与展望

8.2.1 研究不足

(1) 本书综合参考了国内外诸多与生态文明建设相关的理论文献，对已经确立的生态文明建设评估体系展开了深入的研究，并进行了相应的完善，也未能涵盖所有研究者的理论成果，所以，本书构建的生态文明建设评价体系也带有一定的主观性。

（2）本书构建的生态文明建设评价体系，在部分指标数据获取方面存在难度，因此在具体的研究过程中，使用相关的计算方式填补了部分数据的欠缺，不可避免地使得最后的评估结果带有一定的误差。

（3）本书分析影响湖北省生态文明建设所选取的关键指标并不能涵盖生态文明建设的所有影响因素，对湖北省生态文明建设的影响因素识别存在着一定的主观性。

8.2.2 研究展望

当前，与生态文明建设考评体系的相关理论研究与实践十分丰富，然而大多数理论研究以及实践活动都处于前期发展阶段，生态文明建设领域还没有形成健全的评估体系，对生态文明评价指标体系还需要随着实践的发展而不断完善，只有这样才能促进整个生态环境建设体系的发展，从而在后期的研究与实践中发挥更大的效益。本书将评价区域限定为湖北省，评价维度选择为压力、状态和响应，也仅代表生态文明建设过程中的部分主要视角，不能完全反映生态文明建设的综合水平，不能够完全认定为最后的定论。

从本书选取的研究角度来看，尽量涵盖生态文明建设的各个层面的具体内容，由于研究过程中受到诸多因素的限制与影响，难免会遗漏一些方面，使得生态文明建设评价体系还有待完善与发展，还可以从不同的维度进行深入的探讨。立足于选取的指标数据维度而言，由于指标存在很大的差异，不同的指标数据来源也还需要健全与完善。与此同时，部分城市的生态文明建设指标对应的准确数据在获取上存在困难，所以在具体研究过程中只能舍弃这部分数据，影响了整个评估体系的健全性，还有待相关部门在后期的研究和评定过程中给予完善和改正。

随着我国经济社会的发展，各省域生态环境建设领域的挑战也更多，对应的标准与需求也动态地发展变化着。随着认识的深入，生态文明建设的具体维度与标准也应不断调整与革新，湖北省生态文明建设评价指标体系才能与时俱进、不断完善。

参考文献

[1] 金碚. 国运制造　改天换地的中国工业化 [M]. 北京：中国社会科学出版社，2013：318.

[2] 胡锦涛. 高举中国特色社会主义伟大旗帜为夺取全面建设小康社会新胜利而奋斗——在中国共产党第十七次全国代表大会上的报告. 求是，2007 (21).

[3] 胡锦涛. 坚定不移沿着中国特色社会主义道路前进为全面建成小康社会而奋斗——在中国共产党第十八次全国代表大会上的报告. 求是，2012 (22).

[4] 张高丽. 大力推进生态文明　努力建设美丽中国 [J]. 求是，2013 (24).

[5] 张高丽. 节约资源、保护环境、努力建设美丽中国 [J]. 资源节约与环保，2014 (12)：2.

[6] 习近平. 中共中央关于全面深化改革若干重大问题的决定 [M]. 北京：人民出版社，2014.

[7] 中共中央关于制定国民经济和社会发展第十三个五年规划的建议 [N]. 人民日报，2015－11－04001.

[8] 习近平. 决胜全面建成小康社会　夺取新时代中国特色社会主义伟大胜利 [N]. 人民日报，2017－10－28.

[9] 中共中央国务院关于加快推进生态文明建设的意见 [N]. 人民日报，2015－05－06001.

[10] 中共中央国务院. 生态文明体制改革总体方案 [J]. 中华人民共和国国务院公报, 2015, 28: 4-12.

[11] 谢海燕, 杨春平. 建立体现生态文明要求的考评机制 [J]. 中国经贸导刊, 2014, 9: 54-56.

[12] 国务院发展研究中心课题组. 生态文明建设科学评价与政府考核体系研究 [M]. 北京: 中国发展出版社, 2014.

[13] 叶谦吉, 罗必良. 生态农业发展的战略问题 [J]. 西南农业大学学报, 1987, 1: 1-8.

[14] 刘思华. 对建设社会主义生态文明论的若干回忆——兼述我的"马克思主义生态文明观" [J]. 中国地质大学学报 (社会科学版), 2008, 4: 18-30.

[15] 张云飞. 生态文明: 中国现代化的生态之路 [J]. 理论视野, 2008, 10: 27-30.

[16] Nordhaus W D, Tobin J. Is Growth Obsolete? The Measurement of Economic and Social Performance [M]. London: Cambridge University Press, 1973.

[17] Estes A T. Comprehensive corporate social reporting model [J]. Federal Accountant, 1974: 9-20.

[18] Morris D. Measuring the Condition of the World's Poor: The Physical Quality of Life Index [M]. New York: Pergamon Press, 1979.

[19] Daly H E, Cobb J B. For the Common Good: Redirecting the Economy towards the Community, the Environment and a Sustainable Future [M]. Boston: Beacon Press, 1989.

[20] United Nations. Human Development Report [EB/OL]. http://www.undp.org, 1990.

[21] United Nations Commission on Sustainable Development. Indicators of

Sustainable Development Framework & Metho-dologies [M]. New York, 1996.

[22] Liu Pei-zhe. Sustainable Development Theory and China's Agenda 21 [M]. Beijing: China Meteorological Press, 2001.

[23] Global Initiative Reporting. The Global Reporting Initiative—An Overview [M]. Boston, 2002.

[24] Wang Hai-yan. The latest index system to measure sustainable development [J]. China Population, Resources and Environment, 1996, 6 (1): 39-43.

[25] Cobb G, Halstead C, Rowe T. The Genuine Progress Indicator: Summary of Data and Methodology [M]. San Francisco, CA: Redefining Progress, 1995.

[26] IUCN, Strategies for Sustainability Programme, International Development Research Centre. An approach to assessing progress toward sustainability: tools and training series for institutions, field teams and collaborating agencies [R]. IUCN set of 8 booklets, 1997.

[27] Wackernagel M, Rees W. Our Ecological Footprint: Reducing Human Impact on the Earth [M]. Gabriola Island: New Society Publishers, 1996.

[28] European Commission. Euro Stat. Towards Environmental Pressure Indicators for the EU [M]. EU, 1999.

[29] World Business Council for Sustainable Development. Eco-efficiency Indicators and Reporting: Report on the Status of the Project's Work in Progress and Guidelines for Pilot Application. Geneva, Switzerland, 1999.

[30] United Nations. Millenium Development Goals [EB/OL]. http://www.un.org/zh/, 2000.

[31] International Institute of Sustainable Development. The Consultative

Group on Sustainable Development Indicators: The Dashboard of Sustainability [EB/OL]. http: //www. iisd. org/cgsdi/dashboard. asp, 2001.

[32] Yale Center for Environmental Law & Policy, Center for International Earth Science Information Network. 2005 Environmental Sustainability Index [EB/OL]. http: //sedac. ciesin. columbia. edu/es/esi/, 2005.

[33] Yale Center for Environmental Law & Policy, Center for International Earth Science Information Network. 2008 Environ ment performance index [EB/OL]. http: //sedac. ciesin. columbia. edu/es/epi/, 2008.

[34] South Pacific Applied Geosciences Commission, United Nations Environment Programme. Building Resilience in SIDS: The Environmental Vulnerability Index [EB/OL]. http: //www. vulnerabilityindex. net/index. htm, 2005.

[35] Kerka G V, Manuel A R. A comprehensive index for a sustainable society: The SSI – the Sustainable Society Index [J]. Ecological Economics, 2008, 66: 228 –242.

[36] 中国科学院可持续发展研究组.1999 中国可持续发展战略报告[M]. 北京: 科学出版社, 1999.

[37] 李晓西, 刘一萌, 宋涛. 人类绿色发展指数的测算 [J]. 中国社会科学, 2014 (6): 69 –95.

[38] 毛汉英. 山东省可持续发展指标体系初步研究 [J]. 地理研究, 1996, 15 (4): 16 –23.

[39] 张学文, 叶元煦. 黑龙江省区域可持续发展评价研究 [J]. 中国软科学, 2002, 5: 84 –88.

[40] 赵多, 卢剑波, 闵怀. 浙江省生态环境可持续发展评价指标体系的建立 [J]. 环境污染与防治, 2003, 25 (6): 380 –382.

[41] 乔家君. 改进的熵值法在河南省可持续发展能力评估中的应用

[J]. 资源科学, 2004, 1: 113-119.

[42] 曹凤中, 国冬梅. 可持续发展城市判定指标体系 [J]. 中国环境科学, 1998, 18 (5): 463-467.

[43] 刘某承, 苏宁, 伦飞, 曹智, 李文华, 闵庆文. 区域生态文明建设水平综合评估指标 [J]. 生态学报, 2014, 1: 97-104.

[44] 严耕, 林震, 杨志华, 等. 中国省域生态文明建设评价报告 (Eci 2010) [M]. 北京: 社会科学文献出版社, 2010.

[45] 吴明红. 中国省域生态文明发展态势研究 [D]. 北京: 北京林业大学, 2012.

[46] 严耕, 吴明红, 林震, 等. 中国省域生态文明建设评价报告 (Eci 2014) [M]. 北京: 社会科学文献出版社, 2014: 5-8.

[47] 成金华, 陈军, 李悦. 中国生态文明发展水平测度与分析 [J]. 数量经济技术经济研究, 2013 (7): 36-50.

[48] 杨开忠. 谁的生态最文明——中国各省区市生态文明大排名 [J]. 中国经济周刊, 2009, 32: 8-12.

[49] 2014年中国省市区生态文明水平报告 [J]. 环境监测管理与技术, 2014 (4): 47.

[50] 李伟. 生态文明建设科学评价与政府考核体系研究 [M]. 北京: 中国发展出版社, 2014: 79-80.

[51] 李悦. 基于我国资源环境问题区域差异的生态文明评价指标体系研究 [D]. 武汉: 中国地质大学, 2015.

[52] 刘伦, 尤诘, 冯银, 等. 中部地区生态文明建设综合评价——基于动态因子分析法 [J]. 中国国土资源经济, 2015 (10): 56-60.

[53] Lin T, Ge R, Huang J. et al. A Quantitative Method to Assesst the Ecological Indicator System's Effectiveness: A Case Study of the Ecological Province Construction Indicators of China [J]. Ecological Indicators, 2016, 62:

95-100.

[54] 王然. 中国省域生态文明评价指标体系构建与实证研究 [D]. 武汉：中国地质大学，2016.

[55] 张欢，成金华. 湖北省生态文明评价指标体系与实证评价 [J]. 南京林业大学学报（人文社会科学版），2013（3）：44-53.

[56] 施生旭，郑逸芳. 福建省生态文明建设构建路径与评价体系研究 [J]. 福建论坛（人文社会科学版），2014（8）：157-163.

[57] 高玉慧，罗春雨，张宏强，等. 黑龙江省生态文明建设指标体系研究 [J]. 国土与自然资源研究，2014（5）：21-22.

[58] 连玉明. 中国生态文明发展报告 [M]. 北京：当代中国出版社，2014.

[59] 刘举科，孙伟平，胡文臻. 生态城市绿皮书：中国生态城市建设发展报告（2014 版）[M]. 北京：社会科学文献出版社，2014.

[60] 张欢，成金华，冯银，等. 特大型城市生态文明建设评价指标体系及应用——以武汉市为例 [J]. 生态学报，2015（2）：547-556.

[61] 关琰珠，郑建华，庄世坚. 生态文明指标体系研究 [J]. 中国发展，2007（2）：21-27.

[62] 杜勇. 我国资源型城市生态文明建设评价指标体系研究 [J]. 理论月刊，2014（4）：138-142.

[63] 秦伟山，张义丰，袁境. 生态文明城市评价指标体系与水平测度 [J]. 资源科学，2013（8）：1667-1684.

[64] 赵好战. 县域生态文明建设评价指标体系构建技术研究 [D]. 北京：北京林业大学，2014.

[65] 徐娟，方燕. 县域生态文明建设的思考——以衡阳县为例 [J]. 农业现代化研究，2015（1）：23-27.

[66] 周命义. 森林生态文明城市评价方法的研究 [J]. 中南林业科

技大学学报，2012（4）：131－134.

［67］成金华，陈军，易杏花．矿区生态文明评价指标体系研究［J］．中国人口·资源与环境，2013（2）：1－10.

［68］Peng J，Ma J，Du Y，et al. Ecological Suitability Evaluation for Mountainous Area Development Based on Conceptual Model of Landscape Structure，Function，and Dynamics［J］. Ecological Indicators，2016，61：500－511.

［69］于伯华，吕昌河．基于DPSIR概念模型的农业可持续发展宏观分析［J］．中国人口·资源与环境，2004，14（5）：68－72.

［70］徐金波．武汉城市圈“两型社会”建设三年显成效．中国新闻网，2011－3－8.

［71］佚名．武汉两型社会建设试验区寻求新突破．湖北日报，2011－3－9.

［72］李鸿忠．实施“两圈一带”践行科学发展．湖北新闻网，2011－3－17.

［73］王国生．2012年湖北省政府工作报告．湖北省人民政府网，2012－1－13.

［74］赵洋．基于PSR概念模型的我国战略性矿产资源安全评价［D］．北京：中国地质大学，2011.

［75］朱一中，曹裕．基于PSR模型的广东省城市土地集约利用空间差异分析［J］．经济地理，2011，31（8）：1375－1380.

［76］冯科，郑娟尔，韦仕川，等．GIS和PSR框架下城市土地集约利用空间差异的实证研究——以浙江省为例［J］．经济地理，2007，27（5）：811－814.

［77］林媚珍，许阳萍，谢鸿宇，等．基于PSR－AHP方法的中山市生态安全评价［J］．华南师范大学学报（自然科学版），2010（4）：107－111.

[78] 李中才，刘林德，孙玉峰，等．基于PSR方法的区域生态安全评价 [J]. 生态学报，2010，30（23）：6495－6503.

[79] 陈军，成金华．中国生态文明研究：回顾与展望 [J]. 理论月刊，2012（6）：140－145.

[80] 张欢，成金华，陈军，等．中国省域生态文明建设差异分析 [J]. 中国人口资源与环境，2014，24（6）：22－29.

[81] Li S. A Web-enabled Hybrid Approach to Strategic Marketing Planning: Group Delphi + a Web-based Expert System [J]. Expert Systems with Applications, 2005, 29 (2): 393－400.

[82] 曹蕾．区域生态文明建设评价指标体系及建模研究 [D]. 上海：华东师范大学，2014.

[83] 许和连，邓玉萍．外商直接投资导致了中国的环境污染吗？——基于中国省际面板数据的空间计量研究 [J]. 管理世界，2012，2：30－43.

[84] Tobler W R. A Computer Movie Simulating Urban Growth in the Detroit Region [J]. Economic Geography, 1970, 46 (Supp 1): 234－240.

[85] 潘兴侠．我国区域生态效率评价、影响因素及收敛性研究 [D]. 南昌：南昌大学，2014.

[86] Anselin L. Spatial Econometrics [M]. Bruton Centre: School of Social Science, University of Texas at Dallas, 1999: 55－164.

[87] Anselin, L. Local Indicators of Spatial Association—LISA. Geogr. Anal. 1995, 27 (2): 93－115.

[88] Elhorst J P. Specification and Estimation of Spatial Panel Data Models. Int. Regional Sci. Rev. 2003, 26 (3): 244－268.

[89] Le Sage J P, Pace R K. Introduction to Spatial Econometrics [M]. Boca Raton: CRC Press Taylor & Francis Group, 2009.

［90］何小钢，张耀辉．中国工业碳排放影响因素与CKC重组效应——基于STIRPAT模型的分行业动态面板数据实证研究［J］．中国工业经济，2012（1）：26－35.

［91］郝宇，廖华，魏一鸣．中国能源消费和电力消费的环境库兹涅茨曲线：基于面板数据空间计量模型的分析［J］．中国软科学，2014（1）：134－147.

［92］余江．资源约束、结构变动与经济增长：理论与中国能源消费的经验［M］．北京：人民出版社，2008：25－29.

［93］丁任重，李标．改革以来我国城镇化进程中的“缺口”与弥补［J］．经济学动态，2013，4：37－42.

［94］成金华．中国工业化进程中矿产资源消耗现状与反思［J］．中国地质大学学报（社会科学版），2010，4：45－48.

［95］金碚．中国经济发展新常态研究［J］．中国工业经济，2015（1）：5－18.

［96］孟德友，李小建，陆玉麒，樊新生．长江三角洲地区城市经济发展水平空间格局演变［J］．经济地理，2014（2）：50－57.

［97］齐元静，杨宇，金凤君．中国经济发展阶段及其时空格局演变特征［J］．地理学报，2013（4）：517－531.

［98］蔺雪芹，王岱，任旺兵，刘一丰．中国城镇化对经济发展的作用机制［J］．地理研究，2013（4）：691－700.

［99］谢高地，鲁春霞，成升魁，等．中国的生态空间占用研究［J］．资源科学，2001，23（6）：20－23.

［100］刘建兴，顾晓薇，李广军，等．中国经济发展与生态足迹的关系研究［J］．资源科学，2005，25（5）：33－39.

［101］汪伟，刘玉飞，彭冬冬．人口老龄化的产业结构升级效应研究［J］．中国工业经济，2015（11）：47－61.

[102] 何平，陈丹丹，贾喜越．产业结构优化研究 [J]．统计研究，2014 (7)：31－37.

[103] 柯善咨，赵曜．产业结构、城市规模与中国城市生产率 [J]．经济研究，2014 (4)：76－88，115.

[104] 关伟，许淑婷．辽宁省能源效率与产业结构的空间特征及耦合关系 [J]．地理学报，2014 (4)：520－530.

[105] 王文举，向其凤．中国产业结构调整及其节能减排潜力评估 [J]．中国工业经济，2014 (1)：44－56.

[106] 张抗私，高东方．辽宁省产业结构与就业结构协调关系研究 [J]．中国人口科学，2013 (6)：80－90，128.

[107] 陆大道，陈明星．关于"国家新型城镇化规划 (2014～2020)"编制大背景的几点认识 [J]．地理学报，2015 (2)：179－185.

[108] 姚士谋，张平宇，余成，李广宇，王成新．中国新型城镇化理论与实践问题 [J]．地理科学，2014 (6)：641－647.

[109] 蓝庆新，陈超凡．新型城镇化推动产业结构升级了吗？——基于中国省级面板数据的空间计量研究 [J]．财经研究，2013 (12)：57－71.

[110] 牛晓春，杜忠潮，李同昇．基于新型城镇化视角的区域城镇化水平评价——以陕西省 10 个省辖市为例 [J]．干旱区地理，2013 (2)：354－363.

[111] 沈清基．论基于生态文明的新型城镇化 [J]．城市规划学刊，2013 (1)：29－36.

[112] 谷炜，杜秀亭，卫李蓉．基于因子分析法的中国规模以上工业企业技术创新能力评价研究 [J]．科学管理研究，2015 (1)：84－87.

[113] 周凯，刘帅．金融资源集聚能否促进经济增长——基于中国 31 个省份规模以上工业企业数据的实证检验 [J]．宏观经济研究，2013 (11)：46－53.

[114] 王同庆，杨蕙馨．基于DEA方法的山东规模以上工业企业全要素生产率分析［J］．山东社会科学，2012（2）：158－162.

[115] 邓明君．湘潭市规模以上工业企业能源消耗碳排放分析［J］．中国人口·资源与环境，2011（1）：64－69.

[116] 胡颖，诸大建．中国建筑业CO_2排放与产值、能耗的脱钩分析［J］．中国人口·资源与环境，2015（8）：50－57.

[117] 冯博，王雪青．中国各省建筑业碳排放脱钩及影响因素研究［J］．中国人口·资源与环境，2015（4）：28－34.

[118] 关军，储成龙，张智慧．基于投入产出生命周期模型的建筑业能耗及敏感性分析［J］．环境科学研究，2015（2）：297－303.

[119] 齐绍洲，罗威．中国地区经济增长与能源消费强度差异分析［J］．经济研究，2007（7）：74－81.

[120] 虞义华，郑新业，张莉．经济发展水平、产业结构与碳排放强度——中国省级面板数据分析［J］．经济理论与经济管理，2011（3）：72－81.

[121] Cai W G, Wu Y, Zhong Y. et al. China Building Energy Consumption: Situation, Challenges and Corresponding Measures [J]. Energy Policy, 2009 (37): 2054－2059.

[122] 姜虹，李俊明．中国发展低碳建筑的困境与对策［J］．中国人口·资源与环境，2010，20（12）：72－73.

[123] 国家经贸委关于用高新技术和先进适用技术改造提升传统产业的实施意见（摘要）［J］．中国设备工程，2002（7）：6－7.

[124] 尹少华，熊曦．按照绿色化要求推进湖南产业结构调整与布局优化的政策建议［J］．中南林业科技大学学报（社会科学版），2017（1）：1－4，103.

[125] 韩元军．中国产业结构优化升级与就业协调发展研究［D］.

天津：南开大学，2012.

[126] 陆学，陈兴鹏．循环经济理论研究综述 [J]. 中国人口·资源与环境，2014 (S2)：204-208.

[127] 王国印．论循环经济的本质与政策启示 [J]. 中国软科学，2012 (1)：26-38.

[128] 许力飞．我国城市生态文明建设评价指标体系研究 [D]. 武汉：中国地质大学，2014.

[129] 鲁春阳．城市用地结构演变与产业结构演变的关联研究 [D]. 重庆：西南大学，2011.

[130] 方创琳．中国城市群研究取得的重要进展与未来发展方向 [J]. 地理学报，2014 (8)：1130-1144.

[131] 贾卓．中国西部城市群产业演变及优化路径研究 [D]. 兰州：兰州大学，2013.

[132] 王娟．中国城市群演进研究 [D]. 成都：西南财经大学，2012.

[133] 陈章喜．论珠三角城市群的组团式发展 [J]. 开放导报，2006 (1)：87-90.

[134] 邵大伟．城市开放空间格局的演变、机制及优化研究 [D]. 南京：南京师范大学，2011.

[135] 张浪．特大型城市绿地系统布局结构及其构建研究 [D]. 南京：南京林业大学，2007.

[136] 陈朝辉．建设广州生态城市中的碧水工程 [J]. 广东园林，2001 (4)：23，24-25.

[137] 姚宏禄．生态农业建设与碧水工程 [J]. 南京林业大学学报（自然科学版），2000 (S1)：6-8.

[138] 陈军，成金华．宜居是城市生态文明建设的根本目标 [N].

光明日报，2013-10-12（11）.

[139] 徐檪．基于“绿色化”理念的城市绿道规划探析——以义乌市市域绿道网规划为例［A］．中国城市规划学会、沈阳市人民政府．规划60年：成就与挑战——2016中国城市规划年会论文集（7城市生态规划）［C］．中国城市规划学会、沈阳市人民政府，2016：18.

[140] 喻锋，张丽君，李晓波，符蓉．国土空间开发及格局优化研究：现状述评、战略方向、技术路径与总体框架［J］．国土资源情报，2014（8）：9，41-46.

[141] 廖炜．丹江口库区土地利用变化与生态安全调控对策研究［D］．武汉：华中师范大学，2011.